北京理工大学“双一流”建设精品出版工程

Intelligent Manufacturing Workshop
Comprehensive Innovation Experiment Textbook of Typical Electromechanical System

# “智”造梦工场
## 典型机电系统综合创新实验教程

李忠新　何永熹　王　坤 ◎ 编著

北京理工大学出版社
BEIJING INSTITUTE OF TECHNOLOGY PRESS

**图书在版编目（CIP）数据**

“智”造梦工场：典型机电系统综合创新实验教程 / 李忠新，何永熹，王坤编著．—北京：北京理工大学出版社，2021.1

ISBN 978-7-5682-9524-6

Ⅰ．①智…　Ⅱ．①李…②何…③王…　Ⅲ．①机电系统-实验-教材　Ⅳ．①TH-39

中国版本图书馆CIP数据核字（2021）第021662号

出版发行 / 北京理工大学出版社有限责任公司
社　　址 / 北京市海淀区中关村南大街5号
邮　　编 / 100081
电　　话 /（010）68914775（办公室）
（010）82562903（教材售后服务热线）
（010）68944723（其他图书服务热线）
网　　址 / http：// www.bitpress.com.cn
经　　销 / 全国各地新华书店
印　　刷 / 北京地大彩印有限公司
开　　本 / 787毫米×1092毫米　1/16
印　　张 / 13
字　　数 / 261千字
版　　次 / 2021年1月第1版　2021年1月第1次印刷
定　　价 / 76.00元

责任编辑 / 多海鹏
文案编辑 / 多海鹏
责任校对 / 周瑞红
责任印制 / 李志强

# PREFACE 序

自2017年2月，教育部开始积极推进新工科建设，新工科建设顺应新工业革命、新科技革命、新经济发展的大趋势，是一项持续深化工程教育改革、立德树人的重大行动计划。实践育人作为人才培养的重要方式和途径,是新工科建设不可或缺的重要部分。以“新工科”为背景，将“大工程”理念引入学校工科人才培养实践教学体系中尤为重要。

实践育人的途径多样，包括课程实验、课外实习、导师项目、学科竞赛、创新创业等，学生通过参与实践课程或项目，将知识融入实践，能够显著提高动手能力和创新实践能力。建设新工科背景下适用于新的实践育人模式的新实验教材，也是一个非常关键的课题。北京理工大学地面机动装备实验教学中心是国家级实验教学示范中心，自成立以来，持续优化实践教学体系，在实验体系建设、实验条件挖掘和发挥平台优势与特色方面成果显著：以创新能力、跨学科能力、工程领导力培养为目标，以特色实践项目为载体，建立了跨学科实践育人贯穿培养体系与实施模式，为学生提供多元化的实践训练途径与渠道，有效提升了实践育人的成效。该书正是在这样的背景下完成的，其服务实践育人总体目标，兼顾学生的认知结构和知识结构，既有实验（践）相关理论知识的阐述，又有对实验过程的描述；既有对实践教学方式方法的抽象凝练，又有对现实案例的讲解剖析。具体来说，有以下几个特点：

- **实**：从“智”开始，落在“实”处；理念新，内容实。
- **通**：基于OBE学习成果导向的理念贯通于整本书，从基础实验、综合实验到创新实验，通过构建模块化实践单元，形成系统的、层次化的、递进的培养模式；适用于不同专业领域工程人才的能力训练，通用性强。
- **融**：将动手能力、适应能力、合作能力和创新能力培养融于各个层级实训中，将前沿性、创新性、适用性融入教学目标、评价体系中，理论与实践融合，知识传授与能力达成融合。
- **新**：本书的体系和内容有新意，涵盖领域内新技术新方法。通过开放式地实验、实训，使得学生能够在多元的实践教学环节中积极主动地发挥读者自身的想象力和能动性，增强创造性；提高读者创新意识和创新能力，为培养德、智、体、美、劳全面发展的、适应新工科背景下社会需求的高端工程人才奠定基础。

本书是一本实用性强、趣味性高的机电类创新型实验实践教材，对于实践育人、新工科人才培养、自主性学习都有非常好的指引作用。

# FOREWORD 前 言

高校工科专业教育要紧密围绕重点领域，提高人才培养质量，提升服务经济社会发展的水平，这也是推进高等教育综合改革、促进高校毕业生更高质量创业、就业的重要举措。智能制造对高校人才培养过程中的创新能力、工匠精神、信息化素养以及专业技能的复合性都提出了更高的要求。实验教学作为高校教学的重要组成部分，在新形势人才培养中的地位与作用更加重要，高校需要适应人才培养需求，持续优化与完善实验教学体系。

本书以"小零件、大智慧"为抓手，以"以学生为中心、构造情景实践、强化分享学习、培养团队意识、训练创新思维"五位一体的实践育人理念为指导思想，以深度参与实践、协同实践为应用导向，以严谨性和趣味性结合、引导性和自主性结合为重要原则进行策划与编著。

本书包括基础篇和实践篇。基础篇为实践篇提供知识与技术基础，对智能制造、Arduino、树莓派、电机、传感器等基础知识进行了介绍，但相关知识点均不作深入展开，可参考其他教材进一步深入学习。实践篇包括基础实验、综合实验、创新实践三部分，其中，基础实验主要为控制单元、驱动单元、传感器的认知实验；综合实验以智能车、机器人等典型机电系统的结构设计和运动控制为具体对象，规划了大量的综合实验案例；创新实践部分以汽车“智”造梦工场综合创新实践为主题展开，将传统模式下的单一主体实验训练升级为系统的创新实践训练，以智能制造为主线，同时充分发挥创意与想象的空间，实现由综合实验至创新实践的进阶与提升。

本书主要服务于“机械工程基础”课程的实验教学，并于2018年起拓展应用到了北京理工大学地面机动装备国家级实验教学示范中心承担的北京市“一带一路”国家大学生科技创新训练营、北京市教委暑期学校创新训练营、示范中心实验选修课/开放实验与专业认知实习、北京理工大学·北京中医药大学本科生合作培养课程等教学环节，教学成效显著。大量的特色教学实践应用及其成功经验，为本书的编著提供了框架结构设计和组织实施模式等方面的思路和引导。

本书由李忠新、何永熹、王坤编著，郭良平、朱妍妍、吕唯唯、牙韩腾、朱杰等参与了编著工作，李忠新、王坤对全书进行了统稿。

感谢薛庆教授作为本书的主审，并为本书的编著提供了大量的宝贵意见。同时，机器时代（北京）科技有限公司为本书提供了大量的案例与素材支持，在此一并表示感谢。

由于时间仓促，加之作者水平有限，书中尚有不尽人意之处，敬请各位读者批评指正，以求进一步改进。

编 著 者

# CONTENTS 目 录

## 第一篇 基础篇

第一篇

# 基础篇

第 1 章　智能制造概述
第 2 章　Arduino 基础知识概述
第 3 章　树莓派基础知识简介
第 4 章　电机基础知识简介
第 5 章　传感器基础知识简介
第 6 章　“探索者”实验套件简介

# 第1章 智能制造概述

从工业2.0到工业3.0，制造技术经历了从电气时代到信息化时代的转变，而工业3.0到工业4.0是信息化时代向智能化时代的跃升。中国全面推进实施制造强国战略“中国制造2025”，进行制造业升级，目标就是要发展智能制造。

智能制造的技术特征和技术体系对机械工程专业人才的培养提出了新的要求，2018年教育部新增“智能制造工程”专业，进一步凸显了智能制造对专业人才的迫切需求。实验教学作为教学的重要组成部分，在新形势下人才培养过程中的地位和作用愈加重要，这就要求构建符合当前背景的实验教学体系，开发和利用所有有效的实验教学资源和工具。其中，聚焦机器人技术，利用开源的软硬件资源并结合3D打印技术手段引导自主创新实践，是高校围绕智能制造进行创新人才培养的重要途径。

## 1.1 智能制造内涵与特征

智能制造（intelligent manufacturing，IM）简称智造，源于人工智能的研究成果，是一种由智能机器和人类专家共同组成的人机一体化智能系统。

### 1.1.1 智能制造概念

与制造自动化不同，智能制造是面向产品全生命周期，实现泛在感知条件下的信息化制造；智能制造技术是在现代传感技术、网络技术、自动化技术、拟人化智能技术等先进技术的基础上，通过智能化的感知、人机交互、决策和执行技术，实现设计过程、制造过程以及制造装备智能化，是信息技术、智能技术与装备制造技术的深度融合与集成；智能制造把制造自动化的概念更新，并扩展到柔性化、智能化和高度集成化。

具体来说，智能制造的特点主要体现在以下几个方面：

（1）人依然是工业4.0的核心。

（2）进行生产组织和工作流程的梳理是实现工业4.0的首要任务。

（3）人、机器、工件（产品）互联互通。

（4）生产数据的自动采集。

（5）消灭固定生产线，采用具有高度灵活性和自主性的矩阵或网状的生产系统。

（6）基于标准化、模块化和数字化实现产品个性化定制。

（7）提供多样化、全方位的用户体验。

（8）“敏捷制造”由对市场的快速响应转变为对用户个性化需求的快速响应。

（9）信息物理系统是实现智能制造的基础。

（10）实现“自动化+信息化”智能化，建立高度集成化系统。

### 1.1.2 智能制造核心技术

智能制造包含以下核心技术，即工业机器人、3D打印技术、RFID技术（radio frequency identification，射频识别技术）、无线传感器网络技术、物联网与信息物理融合系统、工业大数据、云计算技术、虚拟现实技术、人工智能技术。在核心技术中：

（1）工业机器人、3D打印是两大硬件工具；

（2）RFID技术和无线传感器网络技术是用于互联互通的两大通信手段；

（3）物联网、工业大数据与云计算是基于分布式分析和决策的三大基础；

（4）虚拟现实与人工智能是面向未来的两大牵引技术。

### 1.1.3 智能制造发展及前景

智能制造始于20世纪80年代人工智能在制造业领域中的应用，发展于20纪90年代智能制造技术和智能制造系统的提出，成熟于21世纪基于信息技术“Intelligent Manufacturing（智能制造）”的发展。

随着工业物联网、大数据和云计算等技术在制造业的蓬勃发展与广泛应用，各国纷纷推出了以智能制造为核心的制造业发展计划，如图1.1所示，有德国“工业4.0”战略、美国“工业互联网”战略、“中国制造2025”等。其实殊途同归，目标都是要发展智能制造。发展智能制造既符合制造业发展的内在要求，也是重塑各国制造业新优势、实现转型升级的必然选择。各国发展智能制造的趋势主要为：

（1）数字化制造技术得到应用。数字化制造技术将会改变未来产品的设计、销售和交付方式，使大规模定制和简单的设计成为可能，使制造业实现随时、随地、按不同需要进行生产，并彻底改变自“福特时代”以来的传统制造业形态。

（2）智能制造技术创新及应用贯穿制造业全过程。智能制造技术的加速融合使得制造业的设计、制造、管理和服务等环节逐渐智能化，从而产生新一轮的制造业革命。

（3）世界范围内智能制造国家战略的空前高涨。这主要体现在世界主要工业发达国家提早布局，并且将智能制造作为重振制造业战略的重要抓手。

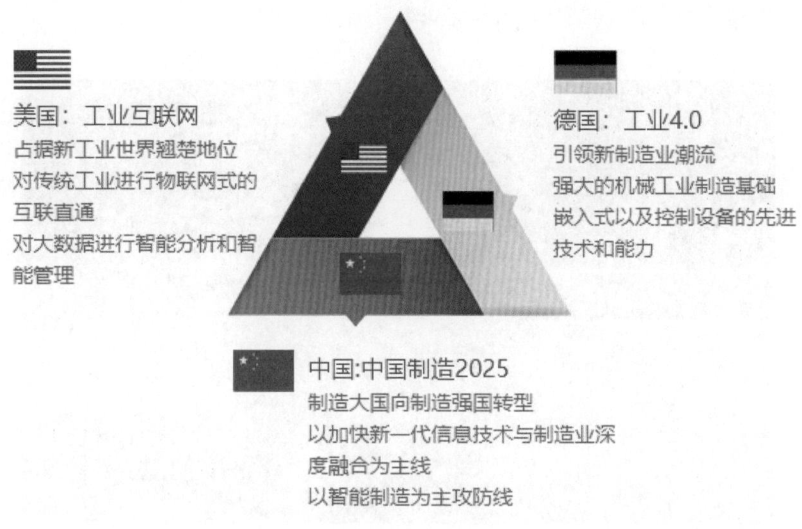


图1.1　全球工业智能化趋势

## 1.2 机器人的概念与分类

随着机器人逐渐渗入到生活的方方面面，机器人在现代人的脑海里已经不是什么新鲜事物，机器人的基础知识得到了越来越广泛的普及，人们对其的认知水平也越来越高。但机器人一词的出现和世界上第一台工业机器人的问世都是近几十年的事。一直以来，人们都希望制造一种像人的机器，以便代替人类完成各种工作。

### 1.2.1　机器人的定义

中国科学家对机器人的定义是："机器人是一种自动化的机器，所不同的是这种机器具备一些与人或生物相似的智能能力，如感知能力、规划能力、动作能力和协同能力，是一种具有高度灵活性的自动化机器"。所以，机器人与普通机器的最主要区别是机器人具有人或生物的某些智能能力，如可以发现并躲避障碍、寻找设定目标、与外界交流等。机器人是自动执行工作的机器装置，它既可以接受人类指挥，又可以运行预先编制的程序，也可以根据人工智能技术制定的规则纲领开展行动，其任务是协助或取代人类的部分工作。图1.2所示为玉兔二号巡视机器人，即代替人类开展月球探测任务的巡视器。

机器人技术建立在多学科发展的基础之上，具有应用领域广、技术先进、学科综合与交叉性强等特点。传统的机器人技术涉及机械学、电子学、自动控制等学科；现代机器人技术则综合了更加广泛的学科和技术领域，如计算机技术、仿生学、生物工程、人工智能、材料、结构、微机械、信息工程、遥感等。各种各样的机器人不但已经成为现代高科技的应用载体，而且自身也迅速发展成了一个相对独立的研究与交叉技术领域，并形成了特有的理论研究和学术发展方向，具有鲜明的学科特色。

图1.2　玉兔二号巡视机器人

## 1.2.2　机器人的组成

**1. 机器人的物理组成**

在物理组成上，机器人主要包括硬件部分和软件部分。硬件部分包括机器人的外壳、框架，各种传感器，行走机构，操作机构，电路，芯片和电池等；软件部分主要指控制机器人的程序。硬件是软件的载体，软件是机器人的灵魂，没有硬件的机器人是不存在的，而没有软件的机器人则是一堆没有任何功能的废铁。

**2. 机器人的功能组成**

在功能组成方面，机器人主要由构架系统、感知系统、执行系统、决策系统、能源系统等几大部分组成。

（1）构架系统：相当于人的躯干和骨骼，承载着机器人的所有部件，是机器人存在的物质基础。

（2）感知系统：相当于人的眼睛、耳朵、鼻子、皮肤等，可以感知外界的各种信息，如距离、声音、气味、温度、形状、颜色等。

（3）执行系统：相当于人的肌肉和四肢，使机器人具有行走、移动等功能，并完成特定的动作，或人们设计的工作动作或任务。

（4）决策系统：相当于人的大脑，将机器人通过感知系统获得的各种外界信息进行处理、判断，然后做出决策，并发出信号控制执行系统按程序预设的方式进行处理。

（5）能源系统：相当人的心脏和肺，给机器人的其他部分提供能量，包括电能、热能、机械能等。

### 1.2.3　机器人的分类

机器人的分类有很多种，不同的领域会使用不同的划分方法。

（1）按控制方式可以分为：遥控型机器人、程控型机器人、示教再现型机器人等。

（2）按运动方式可以分为：固定式机器人、轮式机器人、履带式机器人、足式机器人、固定机翼式机器人、扑翼式机器人等。

（3）按使用场所可以分为：水下机器人、地下机器人、陆地机器人、空中机器人、太空机器人、两栖机器人、多栖机器人等。

（4）按用途可以分为：工业机器人、农业机器人、特种机器人、军事机器人、服务机器人、医疗机器人等。

## 1.3　3D打印技术简介

3D打印技术是快速成型技术的一种，又称增材制造，它是一种以数字模型文件为基础，运用粉末状金属或塑料等可黏合材料，通过逐层打印的方式来构造物体的技术。3D打印制造技术是根据计算机数字模型，将原材料按照数字模型切片分层打印，逐层加工，能够实现多功能一体化产品的制造。3D打印制造技术的优势在于生产过程简单灵活，材料利用率高，结构一体化成型，适用于小规模、个性化的快速加工制造，广泛应用于航空航天、医疗和汽车等领域。

### 1.3.1　3D 打印的技术特点

3D打印过程通常包括三维建模、分层处理、成型加工和后处理四个步骤，作为一门新兴的制造技术，将其与传统制造技术进行对比分析，能够发现3D打印技术拥有传统制造技术无法比拟的特点，如表1–1所示。

表 1–1　传统制造技术与 3D 打印制造技术对比

| 对比项 | 传统制造技术 | 3D打印制造技术 |
| --- | --- | --- |
| 设计方法 | 图纸设计 | 数字模型 |
| 加工原理 | 传统加工原理 | 分层打印逐层加工 |
| 技术特点 | 减材制造 | 增材制造 |
| 材料利用率 | 较低 | 高，超过90% |
| 结构制造 | 特殊结构工艺复杂 | 任何形状结构 |
| 产品成型方式 | 拼装、焊接 | 一体成型 |
| 生产周期 | 较长 | 短 |
| 生产规模 | 大规模、大批量 | 小规模、小批量 |

图1.3所示为世界首辆3D打印赛车，该赛车的设计与打印一共只花费了3周时间，相比于传统技术制造赛车所需6个月的时间，3D打印技术在快速研发制造方面体现出了巨大优势。

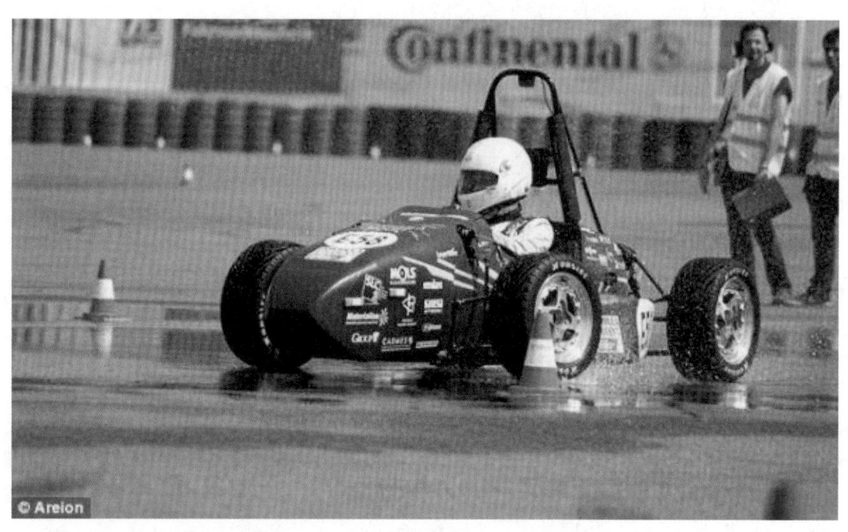


图1.3　世界首辆3D打印赛车阿里翁

### 1.3.2　3D打印技术的分类

3D打印技术按照打印原理进行分类主要有立体光固化成型技术（SLA）、熔融沉积成型技术（FDM）和选择性激光熔融技术（SLM）。

**1. 立体光固化成型技术（SLA）**

立体光固化成型技术（SLA）利用的是液态光敏树脂在紫外激光束照射下会快速固化的特性，其原理及打印机实物分别如图1.4和图1.5所示。

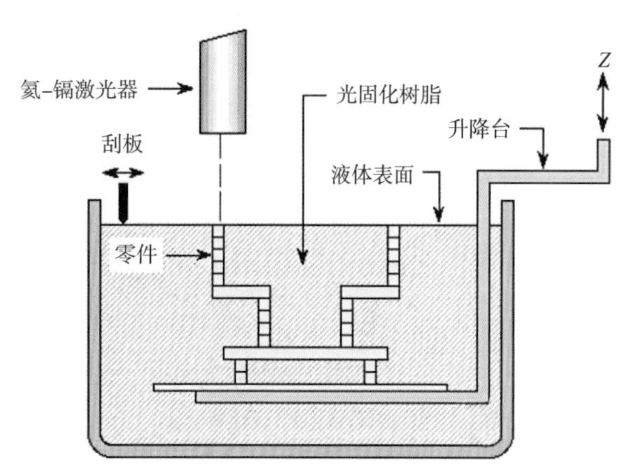


图1.4　SLA打印原理

图1.5　光固化打印机

SLA打印技术的主要优点在于工艺成熟，产品生产周期短，可制造结构复杂的物体，且

产品尺寸精度高。但是SLA打印技术的缺点也很明显，SLA打印材料对制造环境温度与湿度要求严格，并且光敏材料打印的物品容易受外界光线影响而发生变形。

### 2. 熔融沉积成型技术（FDM）

熔融沉积成型技术（FDM）是通过送丝机构将丝条状热塑性材料送到电加热喷头，然后在电热喷头内将打印材料加热至熔化状态，计算机控制喷头沿零件截面轮廓和填充轨迹运动，将熔化的材料挤出，材料迅速凝固，并与周围的材料凝结，逐层形成打印实体。其原理及打印机实物分别如图1.6和图1.7所示。FDM打印技术的最大优点是操作简单、价格低廉；其缺点为制造部件尺寸受限，精度不高。

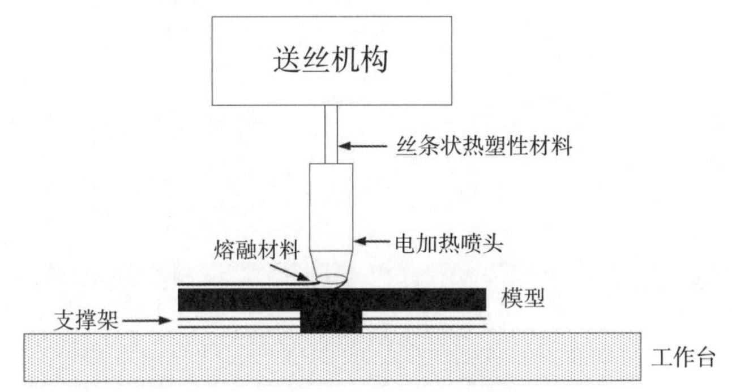


图1.6　FDM打印原理

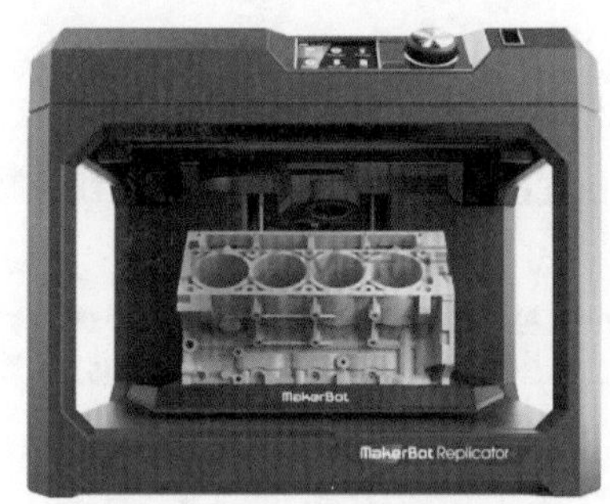


图1.7　FDM 3D打印机

### 3. 选择性激光熔融打印技术（SLM）

选择性激光熔融打印技术（SLM）是基于粉末床，利用红外激光烧熔粉末，凝固形成层片，通过层片叠加成型产品。其原理及工作过程分别如图1.8和图1.9所示。SLM 打印技术的主要优点在于成型的金属零件致密度高、尺寸精度较高、节约材料；主要缺点为成型速度慢、能耗高、表面粗糙度高等，故其难以应用于大规模制造。

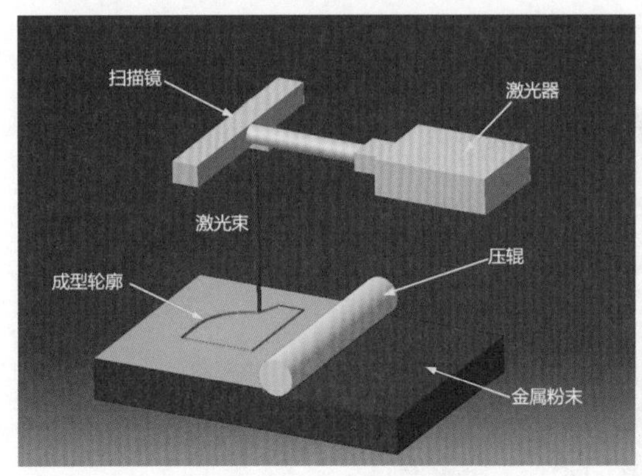


图1.8　SLM打印原理

图1.9　SLM打印工作过程

# 第2章

# Arduino 基础知识概述

Arduino是一款便捷灵活、方便上手的开源电子原型平台，包含硬件（各种型号的Arduino板）和软件（Arduino IDE）两部分。

## 2.1 Arduino开源硬件

### 2.1.1 Arduino 开发板

Arduino开发板可以独立使用，且种类很多，包括 Arduino UNO、YUN、DUE、Leonardo、Tre、Zero、Micro、Esplora、MEGA、Mini、NANO等版本。随着开源硬件的发展，将会出现更多的开源产品，下面介绍几种典型的 Arduino开发板。

#### 1. Arduino UNO

Arduino UNO是 Arduino USB接口系列的常用版本，是 Arduino平台的参考标准模板。Arduino UINO的处理器核心是 ATmega328，具有14个数字I/O引脚（其中6个可作为PWM输出）、6个模拟输入引脚、1个16 MHz晶体振荡器，1个USB接口、1个电源插座、1个ICSP插头和1个复位按钮，如图2.1所示。

图2.1 Arduino UNO开发板

### 2. Arduino YUN

Arduino YUN是一款基于ATmega32U4和Atheros AR9331的开发板。这款单片机开发板具有内置的Ethernet、WiFi及1个USB接口、1个Miro卡槽、20个数字I/O引脚（其中7个可以用于PWM、12个可以用于模数转换）、1个 Micro USB接口、1个ICSP插头和3个复位开关，如图2.2所示。

图2.2　Arduino YUN开发板

### 3. Arduino DUE

Arduino DUE是一款基于 Atmel SAM3X8E CPU的微控制器板，它是第一块基于32位ARM核心的 Arduino开发板，有54个数字I/O引脚（其中12个可用于PWM输出）、12个模拟输入引脚、4个UART硬件串口、84 MHz的时钟频率、1个USB OTG接口、2个数模转换、2个TW1、1个电源插座、1个SPI接口、1个JTAG接口、1个复位按键和1个擦写按键，如图2.3所示。

图2.3　Arduino DUE开发板

### 4. Arduino MEGA 2560

Arduino MEGA 2560开发板也是采用USB接口的核心开发板，它的最大特点就是具有多达54个数字I/O引脚，特别适合需要大量I/O引脚的设计：Arduino MEGA 2560开发板的处理器核心是 ATmega 2560，具有54个数字I/O引脚（其中16个可作为PWM输出）、16个模拟输入、4

个UART接口、1个16 MHz晶体振荡器、1个USB接口、1个电源插座、1个ICSP插头和1个复位按钮。Arduino MEGA 2560开发板也能兼容为 Arduino UNO设计的扩展板，如图2.4所示。

图2.4　Arduino MEGA 2560开发板

5. Arduino Leonardo

Arduino Leonardo是一款基于ATmega32U4的开发板，它有20个数字I/O引脚（其中7个可用作PWM输出、1个可用作模拟输入）、1个16 MHz晶体振荡器、1个 Micro USB连接、1个电源插座、1个ICSP接口和1个复位按钮，如图2.5所示。它具有支持微控制器所需的一切功能，只需通过USB电缆将其连至计算机，或者通过电源适配器、蓄电池为其供电即可使用。

图2.5　Arduino Leonardo开发板

Leonardo与先前的所有开发板都不同，ATmega32U4具有内置式USB通信，从而无须二级处理器。这样，除了虚拟（CDC）串行通信端口，Leonardo还可以充当计算机的鼠标和键盘，它对开发板的性能也会产生影响。

6. Arduino Ethernet

Arduino Ethernet是一款基于 ATmega328的开发板。它有14个数字I/O引脚、6个模拟输入、1个16 MHz晶体振荡器、1个RJ45连接、1个电源插座、1个ICSP头和1个复位按钮。引脚

10、11、12和13只能用于连接以太网模块，不能作他用。其可用引脚只有9个，其中4个可用作PWM输出，如图2.6所示。

图2.6　Arduino Ethernet开发板

Arduino Ethernet没有板载USB转串口动器芯片，但是有1个 WizNet以太网接口，该接口与以太扩展板相同。板载microSD读卡器可用于存储文件，能够通过SD库进行访问。引脚10留作WizNet接口，SD卡的SS在引脚4上。引脚6串行编程头与USB串口适配器兼容，与 FTDI USB电缆、SparkFun和 Adafruit FTDI式基本USB转串口分线板也兼容。它支持自动复位，从而无须按下开发板上的复位按即可上传程序代码。当插入USB转串口适配器时，Arduino Ethernet由适配器供电。

## 2.1.2　Arduino 扩展板

在 Arduino开源硬件系列中，除了主要开发板之外，还有与之配合使用的各种扩展板。常见的扩展板有 Arduino Ethernet Shield、Arduino GSM Shield、Arduino Motor Shield、Arduino 9 Axes Motion Shield等。

### 1. Arduino Ethernet Shield

Arduino Ethernet Shield（以太网扩展板），如图2.7所示，有1个标准的有线RJ45连接，具有集成式线路变压器和以太网供电功能，可将Arduino开发板连接到互联网。它基于WizNet W5500以太网芯片，提供网络（IP）堆栈，支持TCP和UDP协议，可以同时支持8个套接字连接，使用以太库写入程序代码。

图2.7　Arduino Ethernet Shield扩展板

以太网扩展板利用贯穿扩展板的长绕线排与Arduino开发板连接，保持引脚布局完整无缺，以便其他扩展板堆叠其上。它有1个板载 micro-SD卡槽，可用于存储文件，且与Arduino UNO开发板和 Arduino MEGA开发板兼容，可通过SD库访问板载micro-SD读卡器，以太网扩展板带有1个供电（PoE）模块，可从传统的5类电缆获取电力。

### 2. Arduino GSM Shield

Arduino GSM Shield，如图2.8所示，为了连接蜂窝网络，扩展板需要一张由网络运营商提供的SIM卡，它通过移动通信网将Arduino开发板连接到互联网，可拨打/接听语音电话和发送/接收SMS信息。

图2.8　Arduino GSM Shield通信板

GSM Shield采用 Quectel的无线调制解调器M10，利用AT命令与开发板通信。GSM Shield利用数字引脚2、3与M10进行软件串行通信，引脚2连接M10的TX引脚，引脚3连接M10的RX引脚，调制解调器的 PWRKEY引脚连接引脚7。

M10是一款四频GSM/GPRS调制解调器，其工作频率分别为GSM 850 MHz、GSM 900 MHz、DCS 800 MHz和PCS 1 900 MHz。它通过GPRS连接支持TCP/UDP和HTTP，其中GPRS数据下行链路和上行链路的最大传输速率为85.6 Kb/s。

### 3. Arduino Motor Shield

Arduino Motor Shield，如图2.9所示，用于驱动电感负载（如继电器、螺线管、直流和步进电机）的双全桥驱动器L298。Arduino Motor Shield可以驱动2个直流电机，并能独立控制每个电机的速度和方向。因此，它有2条独立的通道，即A和B，每条通道使用4个开发板引脚驱动或感应电机，所以 Arduino Motor Shield使用的引脚共8个。它不仅可以单独驱动2个直流电机，也可以将它们合并起来驱动1个双极步进电机。

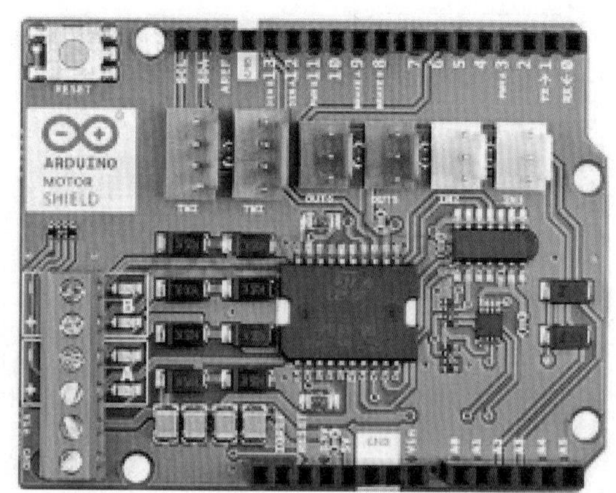


图2.9　Arduino Motor Shield驱动板

#### 4. Arduino 9 Axes Motion Shield

Arduino 9 Axes Motion Shield，如图2.10所示。它采用德国博世传感器技术有限公司推出的BNO055绝对方向传感器，这是一个使用系统级封装，集成三轴14位加速计、三轴16位陀螺仪、三轴地磁传感器，并运行BSX3.0 FusionLib软件的32位微控制器。BN0055在三个垂直的轴上具有三维加速度、角速度和磁场强度数据。

图2.10 Arduino 9 Axes Motion Shield传感器集成板

另外，它还提供传感器融合信号，如四元数、欧拉角、旋转矢量、线性加速度、重力矢量。结合智能中断引擎，可以基于慢动作或误动作识别、任何动作（斜率）检测、高g检测等项触发中断。

Arduino 9 Axes Motion Shield兼容 UNO、YUN、Leonardo、Ethernet、MEGA和DUE开发板，在使用 Arduino 9 Axes Motion Shield时，要根据使用的开发板将中断桥和重置桥接在正确的位置。

## 2.2 Arduino软件开发平台

作为目前最流行的开源硬件开发平台，Arduino具有非常多的优点，正是这些优点使得Arduino平台得以广泛应用，包括：

（1）开放源代码的电路图设计和程序开发界面，可免费下载，也可依需求自己修改；Arduino可使用ICSP线上烧录器，将 Bootloader烧入新的1C芯片；可依据官方电路图，简化Arduino模组，完成独立运作的微处理控制。

（2）可以非常简便地与传感器或各式各样的电子元件连接（如红外线、超声波、热敏电，光敏电阻、伺服电机等）；支持多样的互动程序，如 Flash、Max/Msp、VVVV、PD、C、Processing等；可以使用低价格的微处理控制器；USB接口无须外接电源；可提供9V直流电源输入以及多样化的 Arduino扩展模块。

（3）在应用方面，可通过各种各样的传感器来感知环境，并通过控制灯光、直流电机和其他装置来反馈并影响环境；可以方便地连接以太网扩展模块进行网络传输，使用蓝牙传输、WiFi传输、无线摄像头控制等多种应用。

Arduino IDE是 Arduino开放源代码的集成开发环境。它的界面友好，语法简单且方便下载程序，这使得 Arduino的程序开发变得非常便捷。作为一款开放源代码的软件，Arduino IDE也是由Java、Processing、AVR-GCC等开放源代码的软件写成的。Arduino IDE的另一个特点是跨平台的兼容性，适用于Windows、Mac OSX以及 Linux。2011年11月30日，Arduino官方正式发布了 Arduino 1.0版本，可以下载不同操作系统的压缩包，也可以在 GitHub上下载源代码重新编译自己的 Arduino IDE。

## 2.3 Arduino编程语言

Arduino编程语言是建立在C/C++语言基础上的，即以C/C++语言为基础，把AVR单片机（微控制器）相关的一些寄存器参数设置等进行函数化，以利于开发者更加快速地使用。其主要使用的函数包括数字I/O引脚操作函数、模拟I/O引脚操作函数、高级I/O引脚操作函数、时间函数、中断函数、串口通信函数和数学函数等。

### 2.3.1 基础语法

关键字：if、if…else、for、switch、case、while、do…while、break、continue、return、goto。

语法符号：每条语句以“；”结尾，每段程序以“{}”括起来。

数据类型: boolean、char、int、unsigned int、long、unsigned long、float、double、string、array、void。

常量：HIGH或者 LOW，表示数字I/O引脚的电平，HIGH表示高电平（1），LOW表示低电平（0）；INPUT或者 OUTPUT，表示数字I/O引脚的方向，INPUT表示输入（高阻态），OUTPUT表示输出（AVR能提供5V电压，40mA电流）；TRUE或者 FALSE，TRUE表示真（1），FALSE表示假（0）。

程序结构：主要包括两部分，即 void setup（）和void loop（）。其中，前者是声明变量及引脚名称（如 int val；int LEDPin=13），在程序开始时使用，初始化变量和引脚模式，调用库函数等，如 pinMode（LEDPin，OUTPUT）；后者用在函数 setup（）之后，不断地循环执行，是 Arduino 的主体。

### 2.3.2　数字 I/O 引脚的操作函数

#### 1. pinMode（pin，mode）

pinMode函数用于配置引脚以及设置输出或输入模式，是一个无返回值函数，该函数有两个参数：pin和mode。pin参数表示要配置的引脚；mode参数表示设置该引脚的模式为INPUT（输入）或 OUTPUT（输出）。

INPUT用于读取信号，OUTPUT用于输出控制信号。pin的范围是数字引脚0～13，也可以把模拟引脚（A0～A5）作为数字引用，此时编号为14的引脚对应模拟引脚0，编号为19的引脚对应模拟引脚5。一般会将其放在setup（ ）里，先设置再使用。

#### 2. digitalWrite（pin，value）

digitalWrite函数的作用是设置引脚的输出电压为高电平或低电平，也是一个无返回值的函数。

pin参数表示所要设置的引脚，value参数表示输出的电压为HIGH（高电平）或LOW（低电平）。

**注意：使用前必须先用pinMode设置。**

#### 3. digitalRead（pin）

digitalRead函数在引脚设置为输入的情况下，可以获取引脚的电压情况：HIGH（高电平）或者LOW（低电平）。

### 2.3.3　模拟 I/O 引脚的操作函数

#### 1. analogReference（type）

analogReference函数用于配置模拟引脚的参考电压，它有三种类型：DEFAULT是默认模式，参考电压是5 V；INTERNAL是低电压模式，使用片内基准电压源2.56 V；EXTERNAL是扩展模式，通过AREF引脚获取参考电压。

注意：若不使用该函数，则默认参考电压是5 V；若使用AFTER作为参考电压，则需接一个5 kΩ的上拉电阻。

#### 2. analogRead（pin）

analogRead函数用于读取引脚的模量电压值，每读一次需要花费100 μs的时间，参数pin表示所要获取模拟量电压值的引脚，返回为int型，它的精度为10位，返回值为0～1023。

**注意：函数参数pin的取值是0～5，对应开发板上的拟引脚A0～A5。**

#### 3. analogWrite（pin，value）

analogWrite函数是通过PWM（Pulse-Width Modulation，脉冲宽度调制）的方式在引脚上输出一个模拟量。

Arduino中PWM的频率约为490 Hz，Arduino UNO开发板支持以下数字引脚（不是模拟输入引脚）作为PWM模拟输出：3、5、6、9、10、11。开发板带PWM输出的都有“～”号。

**注意：PWM输出位数为8位，即0 ~ 255。**

### 2.3.4 高级 I/O 引脚的操作函数

函数 Pulseln（pin，state，timeout）用于读取引脚脉冲的时间长度，脉冲可以是HIGH或者LOW，如果是HIGH，则该函数将引脚变为高电平，然后开始计时，直到变为低电平停止计时。返回脉冲持续的时间，单位为ms（毫秒），如果超时没有读到时间，则返回0。

### 2.3.5 时间函数

#### 1. delay（ ）

delay（ ）函数是延时函数，参数是延时的时长，单位是ms。

#### 2. delayMicroseconds（ ）

delayMicroseconds（ ）也是延时函数，单位是μs（微秒），1 ms=1 000 μs该函数可以产生更短的延时。

#### 3. millis（ ）

millis（ ）为计时函数。应用该函数可以获取单片机通电到现在运行的时间长度，单位是ms。系统最长的记录时间为9 h 22 min，超出则从0开始。返回值是 unsigned long型。

该函数适合作为定时器使用，不影响单片机的其他工作［而使用 delay（ ）函数期间无法进行其他工作］。

#### 4. micros（ ）

micros（ ）也是计时函数。该函数可获取从返回开机到现在运行的时间长度，单位为μs。返回值是 unsigned long型，70 min溢出。

### 2.3.6 中断函数

在计算机或者单片机中，中断是由于某个随机事件的发生，计算机暂停主程序的运行，转去执行另一程序（随机事件），处理完毕又自动返回主程序继续运行的过程。也就是说，高优先的任务中断了低优先级的任务，在计算机中，中断包括以下几部分。

中断源：引起中断的原因，或能发生中断申请的来源。

主程序：计算机现行运行的程序。

中断服务子程序：处理突发事件的程序。

#### 1. attachinterrupt（ ）（interrupt，function，mode）

attachinterrupt（ ）函数用于设置中断，函数有3个参数，分别表示中断源、中断处理函数和触发模式，中断源可选0或者1，对应2或者3号数字引脚。中断处理函数是一段子程序，当中断发生时执行该子程序部分，触发模式有4种类型: LOW（低电平触发），CHANGE（变化时触发），RISING（低电平变为高电平触发），FALLING（高电平变为低电平触发）。

### 2. detachInterrupt ( interrupt )

detachInterrupt ( ) 函数用于取消中断，参数interrupt表示要取消的中断源。

## 2.3.7　串口通信函数

串行通信接口 ( serial interface ) 使数据一位一位地顺序传送，其特点是通信线路简单，只要一对传输线就可以实现双向通信的接口。

串行通信接口出现在1980年前后，数据传输率是115 ~ 230 Kb/s，串行通信接口出现的初期是为了实现计算机外设的通信，初期串口一般用来连接鼠标和外置 Modem、老式摄像头和写字板等设备。

由于串行通信接口 ( COM ) 不支持热插拔及传输速率较低，因此目前部分新主板和大部分便携式计算机已开始取消该接口。串口多用于工控和测量设备以及部分通信设备中，包括各种传感器采集装置、GPS信号采集装置、多个单片机通信系统、门禁刷卡系统的数据传输、机械手控制和操纵面板控制直流电机等，特别是广泛应用于低速数据传输的工程应用。主要函数如下：

### 1. Serial. begin ( )

Serial begin ( ) 函数用于设置串口的波特率，即数据的传输速率，指每秒传输的符号个数。一般的波特率有9 600、19 200、57 600、115 200等。

### 2. Serial. Available ( )

Serial. available ( ) 函数用来判断串口是否收到数据，函数的返回值为int型，不带参数。

### 3. Serial. read ( )

Serial. read ( ) 函数不带参数，只将串口数据读入。返回值为串口数据，int型。

### 4. Serial. print ( )

Serial. print ( ) 函数向串口发送数据，可以发送变量，也可以发送字符串。

### 5. Serial. println ( )

Serial. Println ( ) 函数与 Serial print ( ) 类似，只是多了换行功能。

## 2.3.8　Arduino 的库函数

与C语言和C++一样，Arduino也有相关的库函数提供给开发者使用，这些库函数的使用与C语言的头文件使用类似，需要#include语句，可将函数库加入Arduino的IDE编译环境中。

在Arduino开发中主要函数的类别如下：数学库主要包括数学计算，EEPROM库函数用于向EEPROM中读写数据；Ethernet库函数用于以太网的通信；LiquidCrystal库函数用于液晶屏幕的显示操作；Firmata库函数用于实现Arduino与计算机串口之间的编程协议；SD库函数用于读写SD卡；Servo库函数用于舵机的控制；Stepper库函数用于步进电机控制；WiFi库函数用于WiFi的控制和使用等。

# 第3章

# 树莓派基础知识简介

2012年3月，英国剑桥大学埃本·阿普顿（Eben Epton）正式发售世界上最小的台式机，又称卡片式电脑，这就是Raspberry Pi电脑板，中文译名“树莓派”，如图3.1所示。

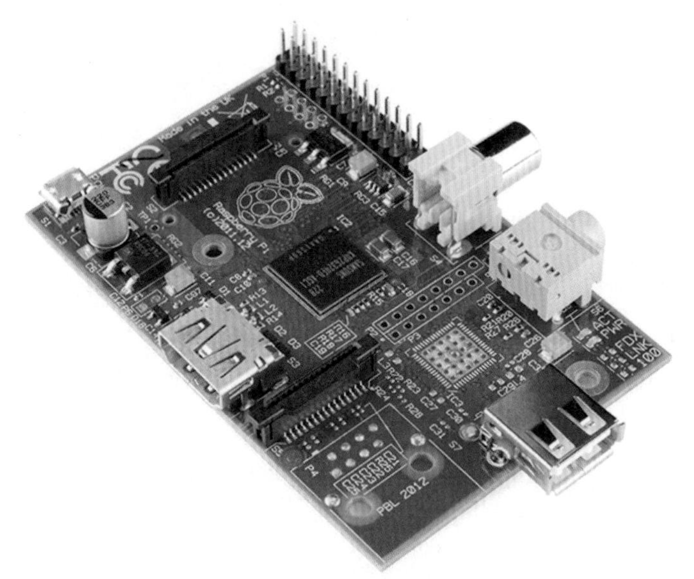


图3.1 树莓派

树莓派以SD/Micro SD卡为内存硬盘，卡片主板周围有1/2/4个USB接口和一个10/100以太网接口（A型没有网口），可连接键盘、鼠标和网线，同时拥有视频模拟信号的电视输出接口和HDMI高清视频输出接口，以上部件全部整合在一张仅比信用卡稍大的主板上，具备所有PC的基本功能。

不仅如此，树莓派还是一个开放源代码特色的计算机主板，完全以开放社区运作（见图3.2），价格低廉，对于软硬件开发者，它可提供免费安装的操作系统。

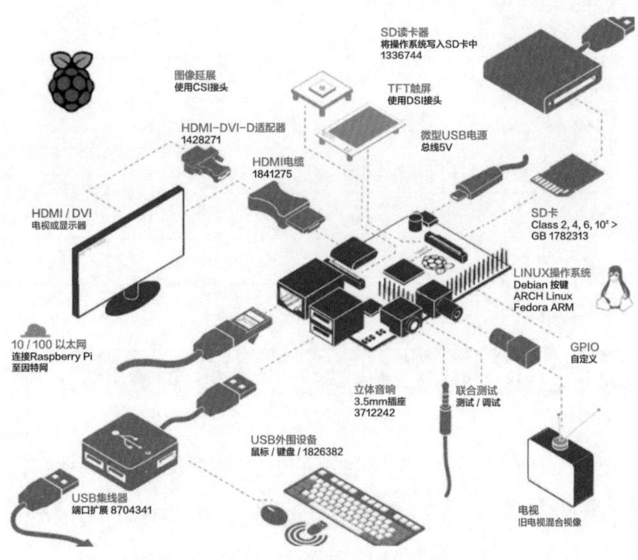


图3.2　树莓派社区

## 3.1 树莓派版本

树莓派不仅有强大的功能，而且其硬件也在不断升级。目前已发布了多个版本，包括A型、B型、B+ 、B型2代等，各版本参数如表3-1所示。随着版本的不断迭代与更新，树莓派的性能不断提升，也变得更加快速、好用。

表 3-1　树莓派各版本参数

| 项目 | Raspberry Pi B | Raspberry Pi B+ | Raspberry Pi A+ | Raspberry Pi 2 Model B | Raspberry Pi Zero | Raspberry Pi 3 Model B |
|---|---|---|---|---|---|---|
| 发布时间 | 2011-12 | 2014-07-14 | 2014-11-11 | 2015-02-02 | 2015-11-26 | 2016-02-29 |
| SoC | BCM2835 | BCM2835 | BCM2835 | BCM2836 | BCM2835 | BCM2837 |
| CPU | ARM1176JZF-S核心<br>700 MHz 单核 | ARM1176JZF-S核心<br>700 MHz 单核 | ARM1176JZF-S核心<br>700 MHz 单核 | ARM Cortex-A7<br>900 MHz 四核 | ARM1176JZF-S核心<br>700 MHz 单核 | ARM Cortex-A53<br>1.2 GHz 四核 |
| GPU | Broadcom VideoCore IV, OpenGL ES 2.0, 1080p 30 h.264/MPEG-4 AVC 高清解码器<br>（本表格由树莓派实验室绘制 http://shumeipai.nxez.com 若有疏漏请联系我们更正） | | | | | |
| RAM | 512 MB | 512 MB | 256 MB | 1 GB | 512 MB | 1 GB |
| USB接口 | USB 2.0 × 2 | USB 2.0 × 4 | USB 2.0 × 1 | USB 2.0 × 4 | Micro USB 2.0 × 1 | USB 2.0 × 4 |
| 视频接口 | RCA视频接口输出，支持PAL和NTSC制式，支持HDMI（1.3和1.4），分辨率为640 × 350至1 920 × 1 200，支持PAL和NTSC制式 | 支持PAL和NTSC制式，支持HDMI（1.3和1.4），分辨率为640 × 350至1 920 × 1 200，支持PAL和NTSC制式 | 支持PAL和NTSC制式，支持HDMI（1.3和1.4），分辨率为640 × 350至1 920 × 1 200，支持PAL和NTSC制式 | 支持PAL和NTSC制式，支持HDMI（1.3和1.4），分辨率为640 × 350至1 920 × 1 200，支持PAL和NTSC制式 | 支持PAL和NTSC制式，支持HDMI（1.3和1.4），分辨率为640 × 350至1 920 × 1 200，支持PAL和NTSC制式 | 支持PAL和NTSC制式，支持HDMI（1.3和1.4），分辨率为640 × 350至1 920 × 1 200，支持PAL和NTSC制式 |
| 音频接口 | 3.5 mm 插孔，HDMI（高清晰度多音频/视频接口） | 3.5 mm 插孔，HDMI（高清晰度多音频/视频接口） | 3.5 mm 插孔，HDMI（高清晰度多音频/视频接口） | 3.5 mm 插孔，HDMI（高清晰度多音频/视频接口） | HDMI（高清晰度多音频/视频接口） | 3.5 mm 插孔，HDMI（高清晰度多音频/视频接口） |
| SD卡接口 | 标准 SD 卡接口 | Micro SD 卡接口 | Micro SD 卡接口 | Micro SD 卡接口 | Micro SD 卡接口 | Micro SD 卡接口 |
| 网络接口 | 10 /100 以太网接口（RJ45 接口） | 10 /100 以太网接口（RJ45 接口） | 无 | 10 /100 以太网接口（RJ45 接口） | 无 | 10 /100 以太网接口（RJ45 接口），内置WiFi、蓝牙 |
| GPIO接口 | 26 PIN | 40 PIN | 40 PIN | 40 PIN | 40 PIN | 40 PIN |

续表

| 项目 | Raspberry Pi B | Raspberry Pi B+ | Raspberry Pi A+ | Raspberry Pi 2 Model B | Raspberry Pi Zero | Raspberry Pi 3 Model B |
|---|---|---|---|---|---|---|
| 额定功率 | 700 mA（为3.5 W） | 600 mA（为3.0 W） | 未知，但更低 | 1 000 mA（为5.0 W） | 未知，但更低 | 未知，但更高 |
| 电源接口 | Micro USB 5 V | Micro USB 5 V | Micro USB 5 V | Micro USB 5 V | Micro USB 5 V | Micro USB 5 V |
| 尺寸 | 85.60 mm × 53.98 mm | 85 mm × 56 mm × 17 mm | 65 mm × 56 mm | 85 mm × 56 mm × 17 mm | 65 mm × 30 mm × 5 mm | 85 mm × 56 mm × 17 mm |
| 官方定价 | 35 美元 | 35 美元 | 20 美元 | 35 美元 | 5 美元 | 35 美元 |

## 3.2 树莓派与Arduino的区别

树莓派是一种电路板，使用ARM微控制器芯片和LINUX操作系统或Windows操作系统，连接上显示器、键盘、网络（网口或WiFi）就可以组成一个很小体积的桌面电脑。

树莓派自带完整的系统，功能完善且扩展性强，成本相对较高。但随着硬件行业技术革新，其成本会下滑。树莓派的应用将越来越广泛。

Arduino不是一种电路板，也不是一种芯片，而是一种开发工具。它可以支持很多种处理器芯片的开发，内部有很多库，软件和硬件开发方式具有很明显的搭积木方式，开发和应用非常简单、方便、快捷。

Arduino主要用于前端无操作系统、以实时控制为主的环境，如机器人前端控制、四轴飞行器前端控制、3D打印机前端控制等。对简单的控制系统，只用Arduino开发就可以满足需求。

## 3.3 树莓派的应用

自树莓派问世以来，受众多计算机发烧友和创客的追捧，别看其外表“娇小”，内“心”却很强大，视频、音频等功能皆有，可谓“麻雀虽小，五脏俱全”。树莓派可以用来设计开发各种机器人，例如自动驾驶机器人、实时感知机器人、远控机器人和对话机器人等。例如：

（1）使用树莓派可以把老式的Kindle电子书变成一款黑白屏幕的低端电脑，想要处理文字文档，只需要在树莓派的USB接口连接一个键盘。

（2）使用树莓派电脑连接摄像头，可以用摄像头探测任何想要的场景，非常方便。

（3）将多个树莓派电脑链接到一起，就建造了一个超级计算机，拥有极强的处理能力。

（4）将树莓派电脑链接到无线路由器上，创建Tor代理来匿名化流量数据，就可以防止黑客追踪。

# 第4章

# 电机基础知识简介

本章重点介绍在小型、微型机器人上常用的一些电机类型，以及其机械结构和控制方面的基本知识。

## 4.1 直流电机

采用直流电作为动力来源的各种电机统称为直流电机。其工作原理都是利用带有数个起电磁铁作用的线圈转子，通电后，线圈转子与励磁单元（可以是励磁线圈或者永磁体）的磁场作用而运动，不断地按照合适的规律改变通电顺序，即使得转子的运动一直持续，形成转动。通常线圈转子都是绕在铁芯上的，分为直流有刷电机和直流无刷电机。也有没有铁芯，线圈本身做成杯状，励磁装置（永磁体）做成柱状放置在转子内部的电机，称为“空心杯电机”。

### 4.1.1 直流有刷电机

直流有刷电机的结构如图4.1所示。直流有刷电机的转速是与电压成正比的，而转矩是与电流成正比的。对于同一台直流有刷电机，电压、转速、转矩这三者之间的关系大致如图4.2所示，其中$V_1$ ~ $V_5$代表5个不同的电压，$V_1$最低，$V_5$最高。直流电机在额定电压下工作效率最高，如果电压值过低，它就不会工作；如果电压过高，它将过热，线圈将会熔化。因此，一般应尽可能采用接近电机额定的电压。

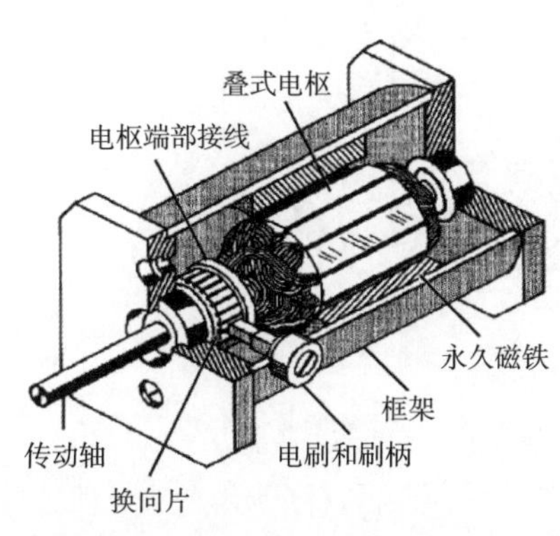


图4.1 直流有刷电机结构示意图

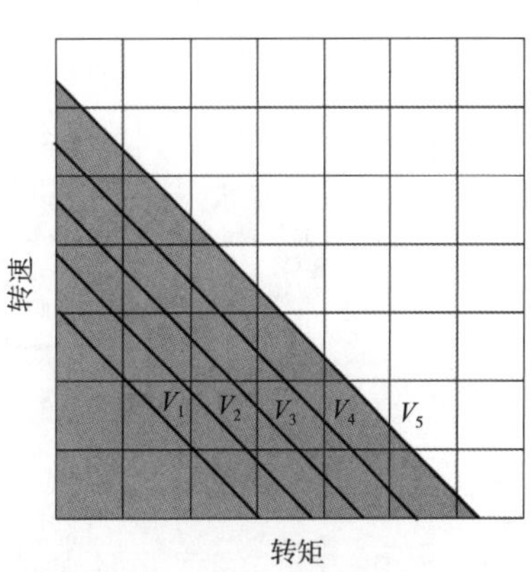


图4.2 电压、电流、转矩关系图

### 4.1.2 直流无刷电机

直流无刷电机的结构如图4.3所示，它不再采用电刷作为换向装置，而是用霍尔传感器（Hall－effect device）作为换向检测元件，通过晶体管的放大来实现电流换向功能。

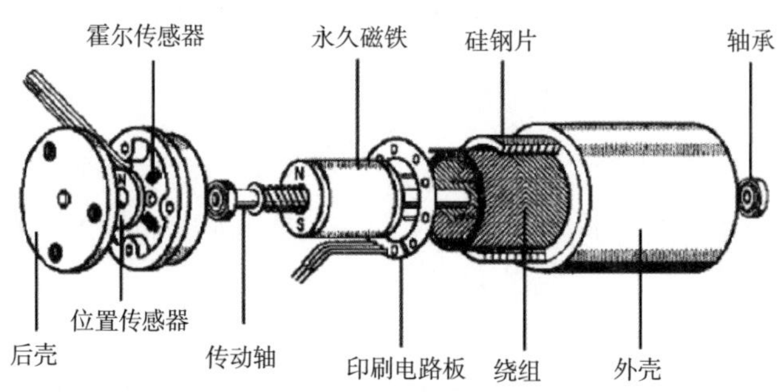


**图4.3 直流无刷电机结构示意图**

直流无刷电机利用电子换向器代替机械电刷和机械换向器，使其不仅保留了直流电机的优点，而且具有交流电机结构简单、运行可靠、维护方便等优点，因此一经出现就以极快的速度得到发展和普及。但是，由于电子换向器较为复杂，通常尺寸也较机械式换向器大，加上控制较为复杂（通常无法做到一通电就工作），因此在要求功率大、体积小、结构简单的场合，直流无刷电机还是无法取代有刷电机。

### 4.1.3 空心杯直流电机

空心杯直流电机属于直流永磁电机，与普通有刷、无刷直流电机的主要区别是，它采用无铁芯转子，也叫空心杯型转子。该转子直接采用导线绕制而成，没有任何其他结构支撑这些绕线，绕线本身做成杯状，构成转子的结构，如图4.4所示。

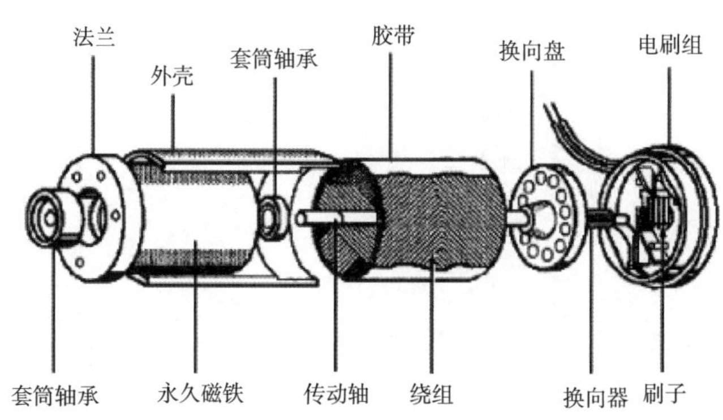


**图4.4 空心杯直流电机结构示意图**

空心杯电机具有以下优势：

（1）由于没有铁芯，极大地降低了铁损，故其效率一般在70%以上，部分产品可达到90%以上（普通铁芯电机在15%～50%）。

（2）激活、制动迅速，响应极快。机械时间常数小于28 ms，部分产品在10 ms以内，在推荐运行区域内的高速运转状态下，转速调节灵敏。

（3）可靠的运行稳定性。自适应能力强，自身转速能控制在2%以内。

（4）电磁干扰少。采用高品质的电刷、换向器结构，换向火花小，可以免去附加的抗干扰装置。

（5）能量密度大。与同等功率的铁芯电机相比，其重量、体积减轻1/3～1/2；转速—电压、转速—转矩、转矩—电流等对应参数都呈现标准的线性关系。

空心杯技术是一种转子的工艺和绕线技术，因此可以用于直流有刷电机和无刷电机。

## 4.2 直线电机

普通电机产生的运动都是旋转，如果需要得到直线运动，就必须通过丝杠螺母机构或者齿轮齿条机构来把旋转运动转变为直线运动，这样显然增加了复杂性和成本，降低了运动的精度。直线电机是一种特殊的无刷电机，可以理解为将无刷电机沿轴线展开、铺平，定子上的绕组被平铺在一条直线上，而永久磁钢制成的转子放在这些绕组的上方。给这些排成一列的绕组按照特定的顺序通电，磁钢就会受到磁力吸引而运动，控制通电的顺序和规律，就可以使磁钢做直线运动。其原理如图4.5所示。

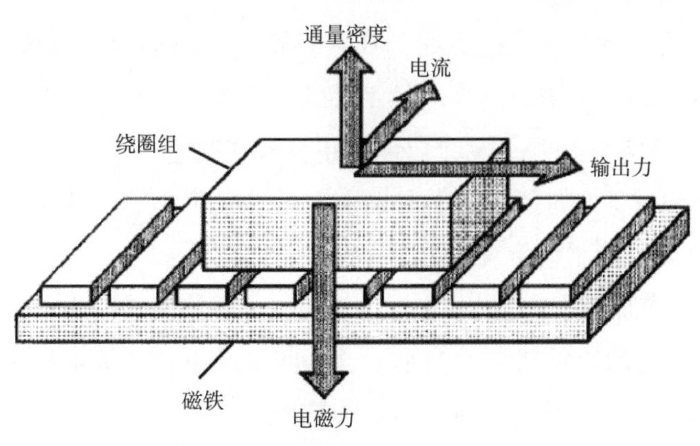


图4.5　直线电机工作原理图

## 4.3 步进电机

步进电机是将电脉冲信号转变为角位移或线位移的开环控制元件。在非超载的情况下，电机的转速和停止的位置只取决于脉冲信号的频率和脉冲数，而不受负载变化的影响，即给电机加一个脉冲信号，电机则转过一个步距角。这一线性关系的存在，加上步进电机只有周期性误差而无累积误差等特点，使得在速度、位置等控制领域使用步进电机来控制变得非常简单。虽然步进电机已被广泛应用，但它并不能像普通的直流和交流电机那样在常规下使用，它必须由双环形脉冲信号、功率驱动电路等组成控制系统方可使用。图4.6所示为简明的感应式步进电机的结构。

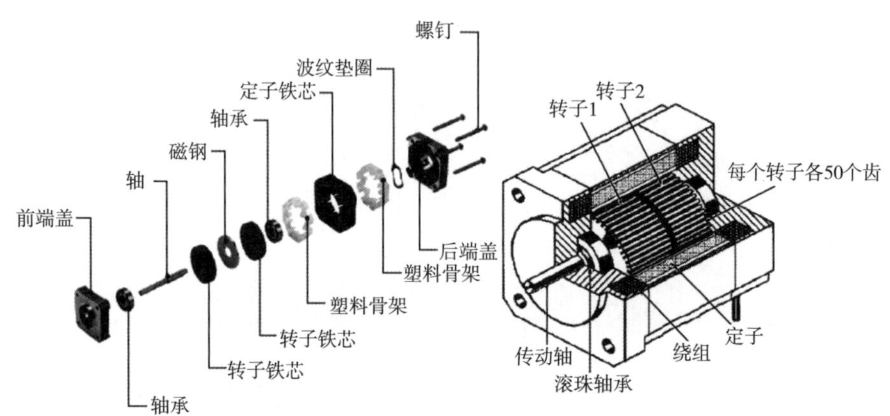


图4.6 感应式步进电机结构图

步进电机是纯粹的数字控制电机，它将电脉冲的信号转化为角位移，即给一个脉冲信号，步进电机就转动一个角度，非常适合于用单片机来控制。步进电机具有以下特点：

（1）在负载合适、控制合适的前提下，步进电机的角位移与输入脉冲数严格成正比，因此，它在旋转中没有累计误差，且具有良好的跟随性。

（2）由步进电机与驱动电路组成的开环数控系统，既简单、廉价，又非常可靠。同时，它也可以与角度反馈环节组成高性能的闭环数控系统。

（3）步进电机的动态响应快，易于启停、正反转和变速。

（4）转速可以在相当大的范围内平滑调节，低转速下仍能保证比较大的转矩，因此，一般可以不用减速器而直接驱动负载。

（5）步进电机只能通过脉冲电源供电才能运行，它不能直接使用交流电源和直流电源。

（6）当负载较大、冲击负载或者控制不合适的情况下，步进电机会存在震荡和失步的现象，所以必须对控制系统和机械负载采取相应措施。

（7）步进电机自身的噪声和振动较大，带惯性负载的能力较差。

## 4.4 舵机

舵机，顾名思义是控制舵面的电机。舵机的出现最早是作为遥控模型控制舵面、加速踏

板等机构的动力来源，但是由于舵机具有很多优秀的特性，故在制作机器人时也时常能看到它的应用。图4.7所示为一些舵机的实物照片。

图4.7　舵机实物

舵机最早出现在航模运动中。在航空模型中，飞机的飞行姿态是通过调节发动机和各个控制舵面来实现的。不仅在航模飞机中，在其他的模型运动中都可以看到它的应用，如船模上用它来控制舵、车模中用它来转向等。一般来讲，舵机主要由舵盘、减速齿轮组、位置反馈电位计、直流电机、控制电路板等部分组成，如图4.8所示。

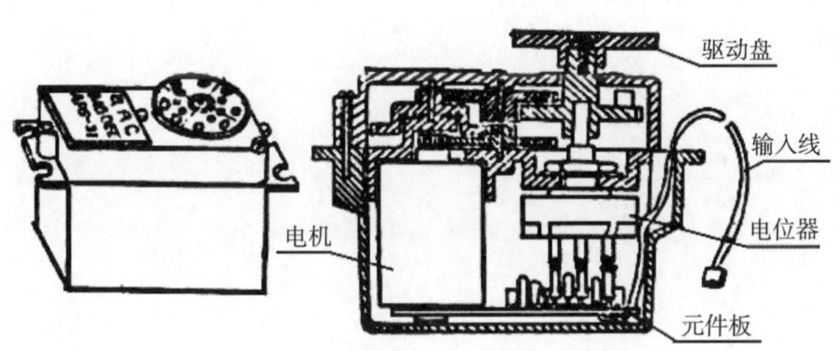


图4.8　舵机结构图

舵机的输入线共有3根，中间红色的是电源线，一边黑色的是地线，这两根线给舵机提供最基本的能源保证，主要用于电机的转动消耗，电源有两种规格，即4.8 V和6.0 V，分别对应不同的转矩标准；另外一根线是控制信号线，Futaba的一般为白色，JR 的一般为橘黄色。

舵机的控制信号为周期是20ms的脉宽位置调制（PPM） 信号，其中脉冲宽度通常为0.5 ~ 2.5 ms（也有少量型号的脉冲宽度范围不一样，如图4.9所示，为1.25 ~ 1.75 ms），相对应输出轴的位置为0° ~ 180°，呈线性变化。也就是说，给控制引脚提供一定的脉宽（TTL电平，0 V / 5 V），它的输出轴就会保持在一个相对应的角度上，无论外界转矩怎样改变，直到给它提供一个另外宽度的脉冲信号，它才会改变输出角度到新的对应位置上。

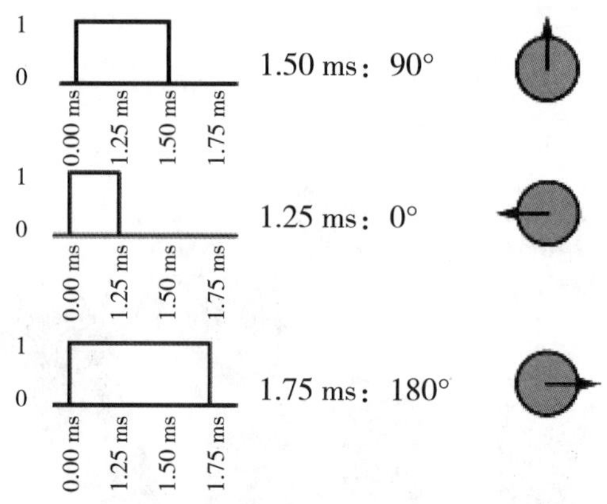


图4.9 舵机 PPM 信号

目前应用比较广泛的是360° 与180° 舵机，360° 舵机无法像180° 舵机一样控制角度，它只能控制方向和速度。

arduino的<servo.h>库提供两个函数控制舵机，即write（ ）和writeMicroseconds（ ），这两个函数都可以控制360° 和180° 这两种舵机。

write（ ）

servo.write（x）；//x->[0,180];

360° 舵机：通过x来设定舵机的速度（0代表一个方向的全速运行，180代表另一个方向的全速运行，90则不动）。

```
#include <Servo.h>
Servo myservo;
void setup（ ）
{
myservo.attach（9）；
myservo.write（90）；// 舵机不动
}
void loop（ ）
{}
```

读者笔记

180° 舵机：通过x设定舵机舵盘的角度。

```
#include <Servo.h>
Servo myservo;
void setup（ ）
{
myservo.attach（9）；
myservo.write（90）；// 在中间位置
```

```
}
void loop（ ）
{}
```

值得注意的是如果x不等于90，360° 舵机会一直不停的转。而180° 舵机在到达设定角度后会停下。

实际上，舵机的控制电路处理的并不是脉冲的宽度，而是其占空比，即高、低电平之比。 以周期20 ms、高电平时间2.5 ms为例，实际上如果给出周期10 ms、高电平时间1.25 ms的信号，对大部分舵机也可以达到一样的控制效果。但是周期不能太小，否则舵机内部的处理电路可能会紊乱；周期也不能太长，如果控制周期超过40 ms，舵机就会反应缓慢，并且在承受扭矩时会抖动，影响控制品质。

# 第5章 传感器基础知识简介

传感器是一种检测装置，能感受到被测量的信息，并能将感受到的信息按一定规律变换成为电信号或其他所需形式的信息输出，以满足信息的传输、处理、存储、显示、记录和控制等要求。

机器人要自主地运动或工作必须依赖于对外界的感知和判断，即必须通过传感器去感知外界位置信息、距离信息、温度、湿度、光线、声音、颜色、图像和形状等。例如，为了使机器人在行走时不碰到障碍物，可以采用一个红外测距传感器感知机器人与障碍物的距离，并根据具体的距离值给出相应的执行命令。本章将从数字量和模拟量的角度对常用的传感器进行介绍。

## 5.1 数字量传感器

数字量传感器是指将传统的模拟量传感器经过信号调理和A/D转换，将输出信号转换为数字量的传感器。一般来说，数字量传感器的返回值是0或1，也就是高电平信号或者低电平信号，比较类似一个电源的开或关，所以也被称作开关量传感器。这类传感器都是低电平触发，也就是说，触发时产生一个低电平信号。换句话说，传感器发出低电平信号时，主控板将这个信号标为1，高电平时为0。常用的数字量传感器有触碰、红外等。

还有几种传感器比较特殊，如灰度、白标、声控等，这些传感器既可以作数字量传感器用，也可以作模拟量传感器用，下面会进行具体介绍。

### 5.1.1 触碰 / 触摸传感器

触碰传感器如图5.1所示，通过接触片实现检测触碰功能。触碰传感器主要用于检测外界触碰情况，如行进时用于检测障碍、走迷宫时用于检测墙壁等。

**注意：触碰感应器需要安装在机器人容易被触碰到的位置，需要触碰开关本身被物体碰到后才会被触发。**

图5.1　触碰传感器

### 5.1.2　红外光电传感器

红外光电传感器如图5.2所示，利用被检测物对光束的遮挡或反射，由同步回路选通电路，从而检测物体的有无。物体不限于金属，所有能反射光线的物体均可被检测。其多用于避障、物体检测等。

图5.2　红外光电传感器

红外光电传感器触发距离随传感器型号变化而变化，且传感器触发距离可以在一定范围内调整。红外光电传感器比较容易受到环境光线的干扰，比如正午的阳光、距离较近的日光灯等，都会影响其触发距离，或者对其误触发。

**注意：在安装红外光电传感器时，注意不要遮挡发射头和接收头，以免传感器检测发生偏差。**

### 5.1.3　灰度 / 白标传感器

灰度传感器如图5.3所示，一般包含一只发光二极管和一只光敏电阻，二者均安装在同一面上。二极管发出白光，照亮被检测物体，被检测物体反射白光。不同的颜色对白光的反射能力不同，相同材质的物体白色反射度最高，黑色反射度最低。光敏电阻检测反射光的强弱，据此可以推断出被检测物体的灰度值。在环境光干扰不是很严重的情况下，灰度传感器常用于区别黑色与其他颜色。它输出的是模拟信号，但是能很容易地通过A/D转换器或简单的比较器实现对物体反射率的判断，是一种实用的机器人巡线传感器，通常用于进行黑线/白线的跟踪，可以识别白色/黑色背景中的黑色/白色区域，或悬崖边缘。

图5.3 灰度/白标传感器

灰度传感器含红外发射/接收管（蓝发黑收），可以发射红外线并接收反射的红外线，如果目标颜色较深，红外线就会被吸收，从而触发。因此，如果目标是开阔空间，即使没有红外线反射回来，也会触发。白标触发原理与灰度相反。

**注意：灰度/白标传感器的安装应当贴近地面且与地面平行，使用前最好测试一下触发距离，这样才能更加灵敏并且有效地检测到信号。**

### 5.1.4 声控传感器

声控传感器如图5.4所示，它通过声控元件，利用声音的相对比较，返回是否有声音的相对信号给主机。声控传感器使用调节器调节给定声控传感器的初始值，声控传感器不断地把外界声音的强度与给定强度进行比较，超过给定的强度时，发送“有声音”信号，否则发送“没有声音”的信号。

**注意：声控传感器需要安装在较安静的机器人部位，如离电机较远的位置，最好有螺柱等与机器人本体隔离，否则特别容易被触发。**

图5.4 声控传感器

## 5.2 模拟量传感器

数字量传感器只能检测到0或1的不同，而模拟量传感器能够检测到连续信号，且输出的是在一定范围内连续变化的数值。如某个传感器可以检测到0～1 023的连续数值，那么我们可以设置在0～100之间触发功能1，在100～500之间触发功能2，在500～1 024之间触发功能3。因此模拟量传感器使用起来功能更加强大。

### 5.2.1 灰度 / 白标传感器

当作为模拟量传感器使用时，灰度/白标传感器可以检测到不同的灰阶，从而不仅仅可以识别黑色或白色，还可以识别灰度属性不同的其他颜色。在某些机器人比赛中，会用由黑到白的色彩布置场地，供机器人识别，这时就是灰度传感器大显身手的时候了。

### 5.2.2 声控传感器

作为模拟量传感器使用的声控传感器，可以测量到声音的强弱数据，即对应声音的分贝数，显示0～1 023以内的数值。此时的声控传感器可以较为准确地根据声音响度设置触发范围，从而为报警、多条件响应服务。

### 5.2.3 超声测距传感器

超声波测距传感器如图5.5所示，是利用声波在空气中的传播速度为已知，测量声波在发射后遇到障碍物反射回来的时间，根据发射和接收的时间差计算出发射点到障碍物的实际距离，其原理与雷达是一样的。

图5.5 超声测距传感器

超声波测距迅速、方便、计算简单、易于做到实时控制，并且在测量精度方面能达到工业实用的要求。因此，超声波测距传感器被广泛应用于机器人避障、距离测量、高度测量、物体表面扫描等项目。

### 5.2.4 加速度传感器

图5.6所示为Arduino电容式3轴加速度传感器MMA7361芯片，采用信号调理、单级低通滤波器和温度补偿技术，提供了2个灵敏度量程选择的接口和休眠模式接口，通过Arduino控制器编程，可作为倾角、运动、姿态检测等功能的传感器。MMA7361提供±1.5$g$和±6$g$两个量程，两个量程可通过开关任意切换。高级版的加速度传感器还预留排针焊接孔，可自行焊接排针，根据需求对功能进行扩展。

图5.6 加速度传感器

# 第6章 “探索者”实验套件简介

“探索者”机械创新套件结合了机械、电子、传感器、计算机软硬件、控制、人工智能和造型等众多技术，配置有结构件、控制器、传感器、伺服电机等，方便设计与搭建各种机械结构，验证其运动特性，并可以完成大多数数字/模拟电路、单片机、检测技术等方面的实验，是非常好的实验平台。图6.1所示为使用探索者套件搭建的智能流水线模型。

图6.1 智能流水线模型

本书实践篇中基础实验和综合实验部分均是基于该套件开发设计的，综合创新实践也大量使用了该套件中的软硬件资源。本章将从零部件、控制板等方面对套件进行全面介绍，以方便学生开展实验。

## 6.1 零部件简介

“探索者”零件系统由一组经过高度综合与抽象的几何元素构成，可根据需要构建“点、线、面、体”，从而设计丰富多彩的机械结构，如图6.2所示。“探索者”零件系统核心零件总数约有30种。

图6.2 “探索者”零件系统

“探索者”零件的材料是铝镁合金，是一种广泛应用于航空器制造的材料。其特点是重量轻、硬度高、延展性好，可用于制作承力结构，采用冲压和折弯工艺，外表喷砂氧化，不易磨损，美观耐用。

“探索者”零件大致分为零件孔、连杆类零件、平板类零件、框架类零件以及辅助类零件五大类。

**1. 零件孔**

零件孔提供了“点”单位。最常用的零件孔为3 mm孔和4 mm孔，通过紧固件（螺丝、螺母等）可以将零件组装在一起。

**2. 连杆类零件**

连杆类零件提供了“线”单位。连杆类零件可用于组成平面连杆机构或空间连杆机构。杆与杆相连可以组成更长的杆，或构成桁架。

**3. 平板类零件**

这类零件适合作为“面”单位参与组装，从而组成底板、立板、背板、基座、台面、盘面等。同时平板与平板之间的连接可以组成更大的“面”，或者不同层次的“面”。

**4. 框架类零件**

框架类零件的参与，使线和面可以连接成“体”。框架类零件多用于转接，连接不同的“面”零件和“线”零件，从而组成框架和外壳等。框架类零件本身是钣金折弯件，有一定的立体特性，甚至可以独立成“体”。

**5. 辅助类零件**

辅助类零件是通用性较弱而专用性较强的零件。

（1）常规传动零件：以齿轮为代表，即进行动力输出及转化的元件，它们基本没有通用性，但是某些特殊机构必须用到。

（2）偏心轮连杆：专门用于和偏心轮组合的连杆，在实际组装中，连杆件组成的曲柄摇杆结构可以替代偏心轮，但是使用偏心轮可以避免死点问题。

（3）电机相关零件：电机周边的辅助零件包括电机支架、输出头和U形支架等。

（4）轮胎相关零件：轮胎需要联轴器才能与电机的输出头相连。

（5）标准五金件：“探索者”所用连接件如螺丝、螺母等均为标准五金零件，而且与其他标准五金零件的兼容度非常高，在使用中可以自己购买各种$\phi$3接口的五金零件，将它们搭配在一起使用。

具体的零部件清单、图样及使用说明请查阅附录A.1。

## 6.2 Basra主控板简介

Basra是一款基于Arduino开源方案设计的主控板，如图6.3所示。

图6.3 Basra主控板

Basra通过各种各样的传感器来感知环境，通过控制灯光、马达和其他的装置来反馈、影响环境。开发板上的微控制器可以在arduino、eclipse、Visual Studio等IDE中通过C/C++语言来编写程序，编译成二进制文件，烧录进微控制器。Basra的处理器核心是ATmega328，同时具有14路数字输入/输出口（其中6路可作为PWM输出）、6路模拟输入、一个16 MHz晶体振荡器、一个USB口、一个电源插座、一个ICSP header和一个复位按钮，如图6.4所示。

Basra主控板具有以下特点：

（1）开放源代码。

（2）支持USB接口供电，无须外接电源，也可使用外部DC输入。

（3）支持ISP在线烧，可以将新的“bootloader”固件烧入芯片。基于bootloader，可以在线更新固件。

（4）支持多种互动程序，如Flash、Max/Msp、VVVV、PD、C、Processing等。

（5）具有3～12 V宽泛的供电范围。

（6）采用堆叠设计，可任意扩展。

（7）主控板尺寸不超过60 mm×60 mm，便于安装。

（8）板载USB驱动芯片及自动复位电路，烧录程序时无须手动复位。

关于Basra主控板的详细介绍请查阅附件A.1.3。

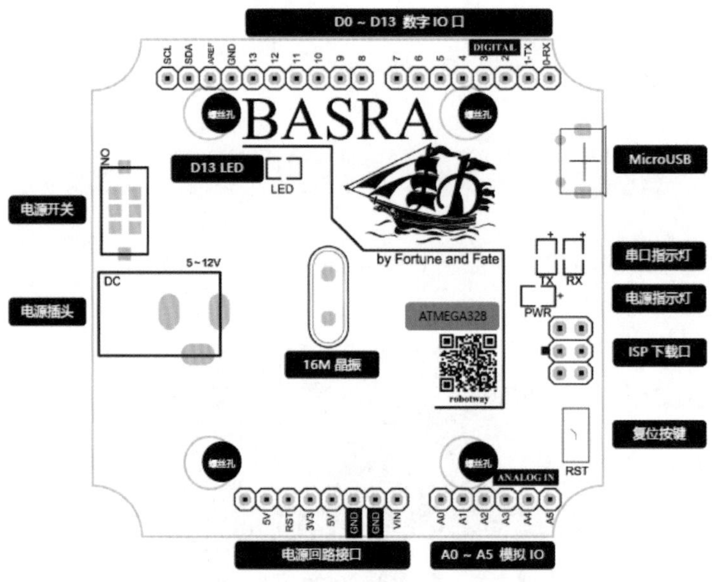


图6.4　Basra主控板接口分布

## 6.3 BigFish扩展板简介

通过BigFish扩展板连接的电路可靠稳定，上面还扩展了伺服电机接口、8×8 LED点阵、直流电机驱动以及一个通用扩展接口，可以说是控制板的必备配件。图6.5、图6.6和图6.7分别展示了BigFish扩展板的实物、接口分布以及与Basra主控板的堆叠连接示意。

BigFish扩展板具有以下特点：

（1）完全兼容Basra、Mehran 控制板接口。

（2）彩色分组插针，一目了然。

（3）全部铜制插针，用料考究，电气性能稳定。

（4）优秀PCB 设计，美观大方。

（5）多种特殊接口设计，兼容所有探索者电子模块，使用方便。

（6）所有3P、4P 接口采用防反插设计，避免电子模块间连线造成的误操作。

（7）板载舵机接口、直流电机驱动芯片、MAX7219LED 驱动芯片，可直接驱动舵机、直流电机、数码管等机器人常规执行部件，无须外围电路。

（8）具有5 V、3.3 V 及VIN 3 种电源接口，便于为各类扩展模块供电。

BigFish扩展板参数如下：

（1）4 针防反插接口供电5 V。

（2）舵机接口使用3 A 的稳压芯片LM1085ADJ，为舵机提供6 V额定电压。

（3）8 × 8 LED 模块采用MAX7219 驱动芯片。

（4）板载2 片直流电机驱动芯片L9170，支持3 ~ 15 V的VIN电压，可驱动两个直流电机。

（5）2 个2 × 5 的杜邦座扩展坞，方便无线模块、OLED、蓝牙等扩展模块直插连接，无须额外接线。

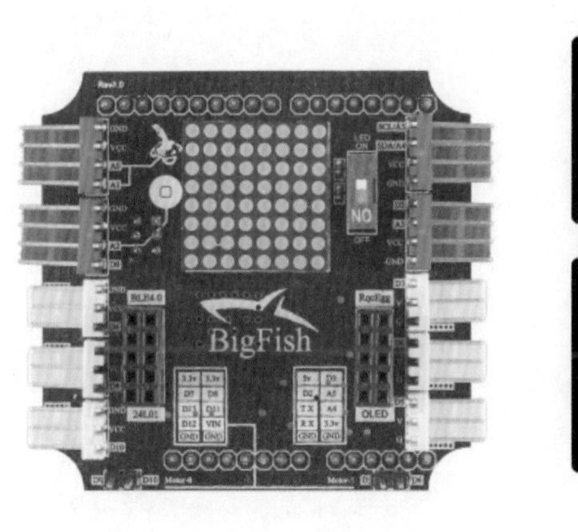


图6.5 BigFish扩展板

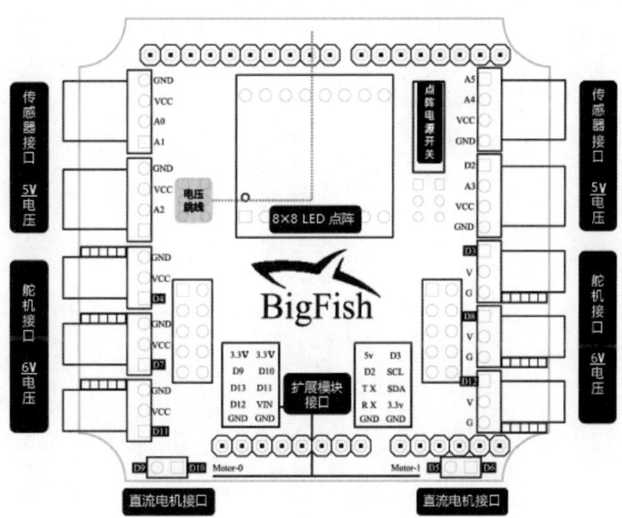


图6.6 BigFish扩展板接口分布

图6.7 BigFish扩展板与Basra主控板的堆叠连接示意

第二篇

# 实 践 篇

# 第7章 基础实验

本章通过“控制单元认知实验”“驱动单元认知实验”“传感器认知实验”三个实验，帮助学生快速建立对Arduino开源软硬件平台、执行机构和传感器的认知，了解其使用方法，掌握利用Arduino进行基础实验的控制逻辑。

（1）熟悉控制板的功能模块和接口与引脚定义，掌握控制板的使用方法和功能实现方式，能够进行基本控制逻辑设计。

（2）了解图形化编程软件ArduBlock的使用方法，能够创建简单的图形化控制程序。

（3）掌握驱动轮、随动轮、关节等驱动单元的设计与控制方法，并能够利用图形化编程软件ArduBlock或C语言编程实现。

（4）了解常用传感器的原理、使用范围和使用方法，能够利用传感器进行不同信号的采集。

## 7.1 实验一 控制单元认知实验

### 7.1.1 实验任务

搭建电路，编写或调用控制程序，实现LED灯的闪烁。

### 7.1.2 实验原理

LED灯本质上是一个发光二极管，有正负极之分，且有一个正向的导通电压。当供电电压高于正向导通电压时，二极管导通，电阻变为0，LED灯亮；当供电电压低于导通电压或者反向时，二极管截止，电阻变为无穷大，LED灯不亮。

实验用LED灯，导通电压约为2 V，导通电流不超过20 mA。如果直接连接VCC（5 V/3.3 V电压）和GND（公共端，也叫地脚），均会因严重过流而烧毁，故不能直接使用。数字I/O端口，内部电路中已经串联有电阻，起到限流作用，可以直接用于LED灯的控制。

实现LED灯闪烁的方式有很多，其基本原理都是通过输出高电平控制LED灯亮、输出低电平控制LED灯灭，并进一步通过时间控制实现闪烁效果。

## 7.1.3 实验案例

想让LED灯亮起来，可通过以下方式实现：

（1）设计LED闪烁实现方式。以Basra主控板的数字I/O端口作为输出端（本实验以13号引脚为例，13号接口为专门用于测试LED的保留接口），通过控制输出电平的高低以及频率变化，控制LED灯在亮与不亮之间变化，以达到闪烁效果。

（2）编写控制程序。LED灯闪烁实验是非常简单的基础控制实验，其控制程序可通过图形化编程工具ArduBlock编写，也可直接调用Arduino开发环境中自带的范例。

①图形化编程。参照附录A.2.1完成Arduino 集成开发环境（Arduino IDE）的安装，参照附录A.2.2调用Ardublock图形化编程工具，并完成图7.1所示控制程序。

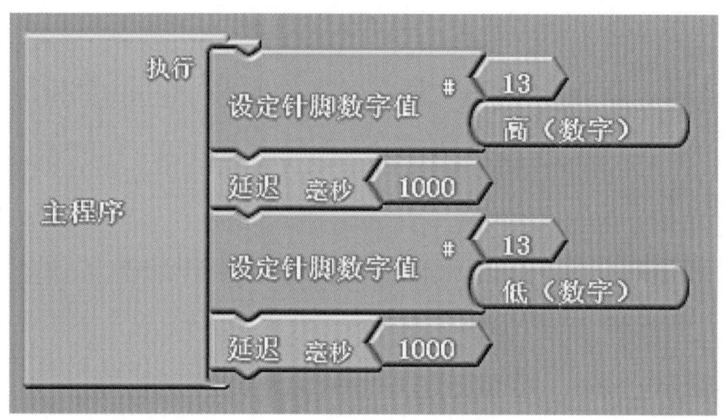


图7.1 LED灯闪烁控制程序

**注意：程序中，“延迟1000毫秒”的意思不是1 s之后再执行，而是所设定的状态，即引脚13输出高电平，要保持1 s。同时，程序自上而下顺序执行完成后，默认进行循环。**

②调用例程或编写C语言程序。Arduino开发环境中自带多种程序范例，其中就包括LED的闪烁控制，具体实现方式如图7.2所示，在Arduino开发环境下，单击菜单栏File→Examples→01.Basic→Blink命令。

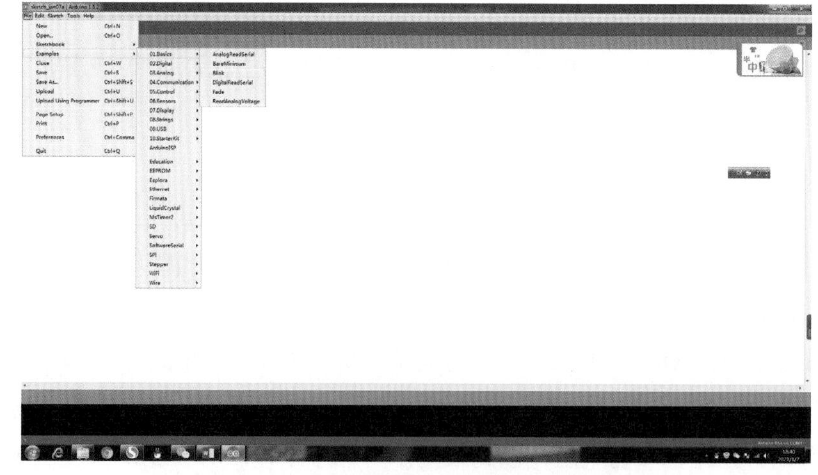

图7.2 Arduino自带程序范例Blink打开方式示意图

Blink控制程序如下：

读者笔记

```
/*
 闪烁
 点亮LED灯1 s，关闭LED灯1 s，重复
*/
 //将LED灯连接至13号引脚
 //定义引脚，将13号引脚定义为int型变量LED
int LED = 13;
 //每按一次重设按钮，将重新进行一次初始化
void setup（）
 {
 //初始化
 pinMode（LED, OUTPUT）;          //将LED引脚（即13号引脚）
}                                  设置为输出型

 //程序循环执行
void loop（）
 {
 digitalWrite（LED, HIGH）;       //打开LED灯
 delay（1000）;                   //等待1 s
 digitalWrite（LED, LOW）;        //关闭LED灯
 delay（1000）;                   //等待1 000 ms
}
```

（3）烧录程序。参考附录A.2.2，完成端口设置并将程序烧录至控制板。注意烧录程序时，主控板电源应处于关闭状态。

**注意：如图7.3所示，部分控制板不允许同时连接电脑和外接电源（如锂电池），同时连接可能会对电脑造成严重损坏。**

图7.3　控制板使用警示图

（4）搭建电路。如图7.4所示，将LED灯连接至Basra主控板，注意区分LED灯的长脚（正极）和短脚（负极），长脚接D13号数字引脚，短脚接GND引脚，并接通5 V锂电池电源给控制板供电。

图7.4　LED灯控制电路

（5）运行程序。打开控制板开关，程序将自动运行，此时可观察LED灯的闪烁效果。

（6）自主调试。改变控制程序中delay（ ）函数的参数值，观察LED灯的闪烁频率变化。

### 7.1.4　实验拓展

（1）将LED灯直接连接至两个数字引脚，控制LED灯实现闪烁效果。

（2）使用多个不同颜色的LED灯设计电路并进行控制，实现类霓虹灯效果。

（3）将LED灯换成蜂鸣器或其他声光控件，编写程序进行控制，观察执行效果。

## 7.2　实验二　驱动单元认知实验

### 7.2.1　实验任务

以舵机作为执行器，设计和搭建驱动轮、关节、机械手三种不同形式的执行单元，根据驱动形式和要求的不同，编制相应的控制程序并进行测试。

### 7.2.2　实验原理

舵机是一种位置（角度）伺服的驱动器，控制板通过接收来自信号线的控制信号控制电机转动，电机带动一系列齿轮组，减速后传动至输出舵盘。舵机适用于需要角度不断变化并可以保持的控制系统。

实验中提供的两种舵机分别是180°舵机和360°舵机，比较常用的是180°舵机，它可以根据指令旋转到0°～180°内的任意角度，然后精准地停下来，该舵机通常用来驱动关节

和机械手等。360° 舵机输出的是持续的旋转扭矩，适用于需要做圆周运动的控制系统，如驱动轮，其作用等同于直流电机，但精度远高于直流电机。

### 7.2.3　实验案例

本实验提供了驱动轮、关节、机械手三种基本执行单元的设计搭建与控制案例。

**1. 案例1　驱动轮测试实验**

（1）搭建驱动轮结构。参照图7.5，先将360° 舵机固定于舵机支撑架内，然后将舵机输出轴通过花键连接至车轮，并用螺钉锁紧。机构搭建好后，轻轻转动车轮，听见舵机转动的声音且结果保持稳定后方可开展后续实验。

图7.5　驱动轮模块

（2）搭建电路。将Basra主控板、BigFish扩展板和360° 舵机连接起来。Basra主控板和BigFish扩展板的连接方式可参照图6.7。舵机有三根连接线，分别是红、棕、橙三种颜色（图7.5），其中，红色线连接电源VCC，棕色线接地GND，橙色线连接信号S，在BigFish扩展板上有6组设计好的数字引脚组合接口（图6.5中白色部分），对应编号为D3、D4、D7、D8、D11和D12，本实验使用D4号组合接口。

**注意：不同型号、不同批次的舵机，接线颜色可能会发生变化，使用时可按照说明书进行区分。**

（3）编写控制程序。参照图7.6所示的图形化程序或使用C语言编写驱动轮的转动控制程序。

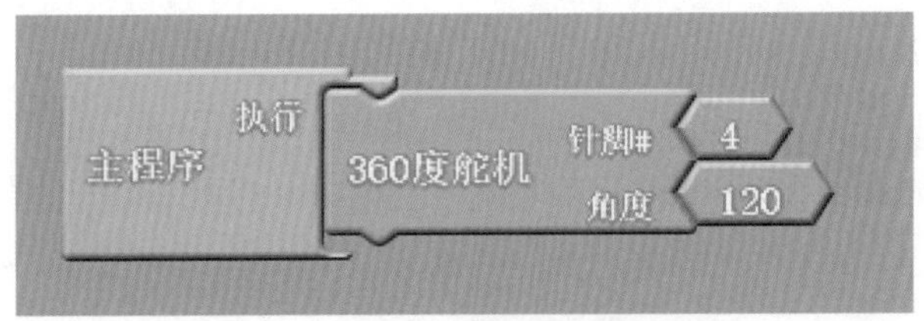


图7.6　驱动轮转动控制程序

读者笔记

驱动轮转动C语言控制程序：

```
#include <Servo.h>
Servo servo_pin_4;
void setup（）
{
servo_pin_4.attach（4）;          //定义舵机接入引脚编号为4
}
void loop（）
{
servo_pin_4.write（ 120 ）;        //定义舵机转速参数值为120
}
```

（4）烧录程序。参考附录A.2.2，完成端口设置并将程序烧录至控制板。注意烧录程序时，主控板电源应处于关闭状态。

（5）运行程序。将5 V锂电池连接至控制板电源接口，打开控制板开关，观察驱动轮的转动情况。

（6）调试驱动轮速度。修改转速控制参数，即调整图7.6中4号引脚的“角度”参数值，或调整C语言程序中servo_pin_4.write（）函数的参数值，使其在0～180内变化，观察驱动轮的转速、转向变化。

**注意：**

**（1）程序中，舵机参数调整范围为0～180，对于360°舵机，0～90代表正向转动，90～180代表反向转动，90为静止状态。**

**（2）舵机在每一次转速变化时都会有一个转速由零增加再减速为零的过程，如果转速变化过快，就会产生像步进电机一样一跳一跳地转动。为了避免这种情况的发生，建议缓慢改变速度参数，并反复调试，直到舵机可以平稳变速。**

**（3）在实际应用中，由于有负载，当转速控制参数低于某值时，电机即无法驱动连接轴转动，故转速控制参数无须取零值。**

**2. 案例2　关节单元测试实验**

（1）搭建关节结构。参照图7.7，先将180°舵机安装并固定于舵机支撑架内，通过花键将舵机输出轴与关节摆件连接，并用螺钉锁紧。舵机另一端（输出轴对立面）有连接孔，也需要通过螺钉与支撑架连接，来保证同轴度。轻轻转动关节摆件，听见舵机转动的声音，且机构保持稳定，即可开展后续实验。

图7.7　关节模块

**注意：180°的舵机，可以在0°～180°之间运动。但是一**

**且超出这个范围，机械结构就不能再转动。所以在安装驱动模块之前应先确定舵机舵面位置，避免因初始舵面位置不合理导致舵机转动角度受限，无法完成指定角度的转动，进而重复拆装。建议在使用前将舵机连接至输出端（比如车轮），手动调整舵面至0° 位置或其他理想位置。**

（2）搭建电路。参照案例1中驱动轮的控制电路，搭建关节单元控制电路。该实验用180° 舵机三根连接线的颜色有别于案例1中的360° 舵机，分别是红、黑、白（图7.7），其中，红色线连接电源VCC，黑色线接地GND，白色线连接信号S。舵机仍然接BigFish扩展板上的D4号组合接口。

（3）编写控制程序。参照图7.8所示的图形化程序或使用C语言编写关节的转动控制程序。

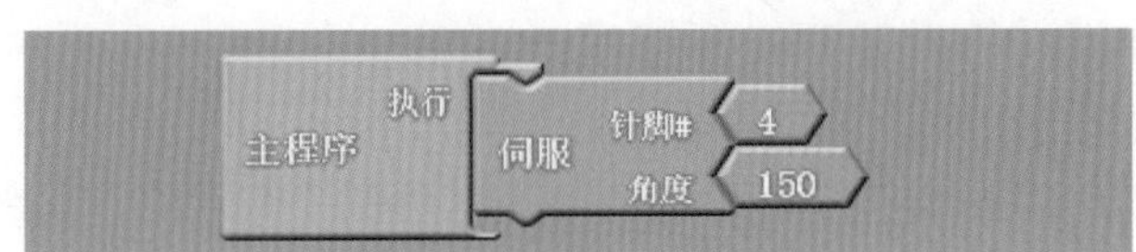


**图7.8 关节转动控制程序**

（4）烧录程序。参考附录A.2.2，完成端口设置并将程序烧录至控制板。注意烧录程序时，主控板电源应处于关闭状态。

（5）运行程序。将5 V锂电池连接至控制板电源接口，打开控制板开关，观察关节摆件所在的角度变化。

（6）控制关节摆动。参考图7.9所示的图形化程序或使用C语言编写程序，控制关节摆件能够在两个位置间循环摆动。烧录并运行程序，观察关节摆件的转动效果。

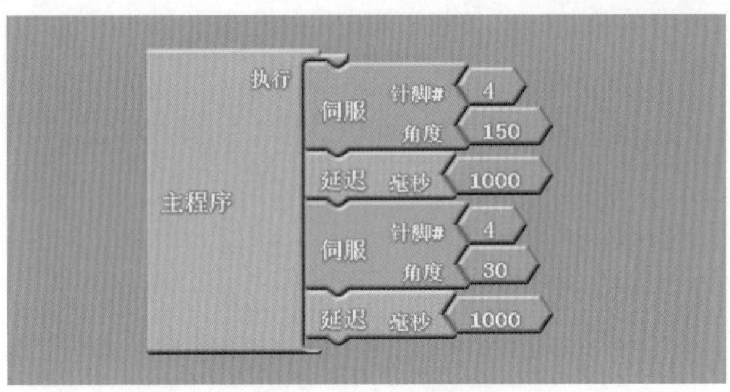


**图7.9 关节摆动控制程序**

（7）调整延时参数。分别增大、减小延迟函数的参数值，观察关节摆件的转动情况。图7.10所示为去掉延时后的程序。

**注意：舵机的转动（响应）需要时间，如果程序中时间的变化太快，也就是说延迟函数的参数值过小或没有延时函数，指令就会失效。在实验过程中，需要选择合适的延时参**

数，并反复调试，直到舵机可以流畅转动，达到想要的效果。

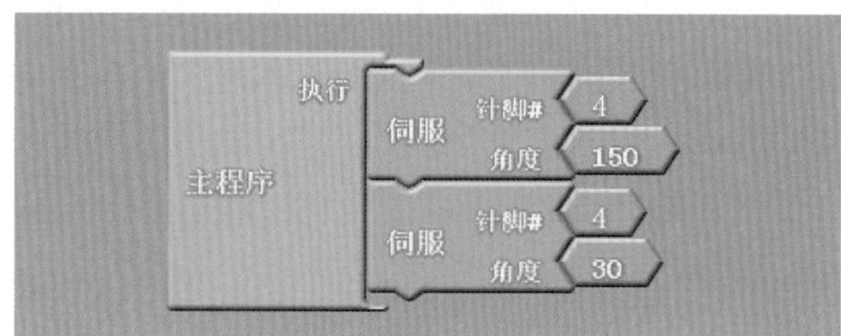


图7.10　去掉延时后的程序

3. 案例3　机械手测试实验

（1）搭建机械手结构。以图7.11所示机械手机构为例，用两根直连杆、一根转弯连杆搭建三连杆机构，其一端连接舵机输出轴（该实验用180° 舵机），另一端连接手爪支杆。两个手爪支杆之间通过齿轮传递转动，连接其他附件并固定，搭建完整的机械手。

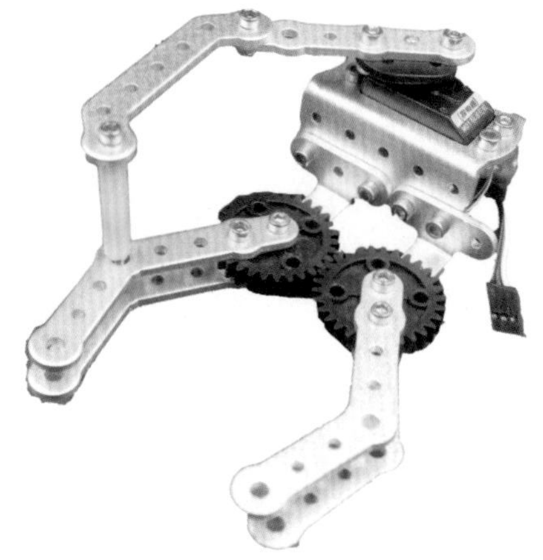

图7.11　机械手机构

（2）搭建电路。参照案例2中关节单元的控制电路，搭建机械手控制电路。舵机仍连接BigFish扩展板上的D4号组合接口。

（3）编写控制程序。参照图7.12所示的图形化程序或使用C语言编写机械手的运动控制程序。与图7.9所示关节控制程序不同，图7.12的程序使用了重复语句，相当于手爪在每个角度（1°～150°之间，每次变化1°）都要保持20 ms，以实现手爪的慢速张开和闭合。

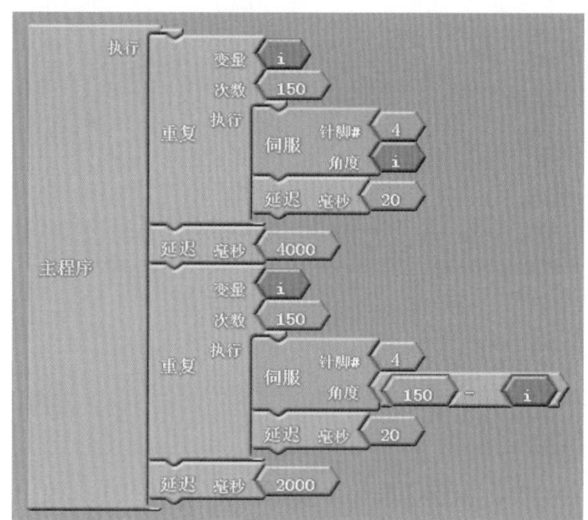


图7.12　机械手控制程序

**注意：ArduBlock图形化编程工具不能做递减运算，所以在程序中采用了“150–*i*”的计算方法。在C语言编程中，以上控制程序可通过递减运算实现。**

机械手运动C语言控制程序：

```
#include <Servo.h>                //调用控制舵机的头文件
int i ;                           //定义一个int型变量 i
int j ;                           //定义一个int型变量 j
Servo servo_pin_4;                //定义一个Servo变量servo_pin_4

void setup（ ）
{
 servo_pin_4.attach（4）;         //将D4引脚设置为舵机引脚
}

void loop（ ）
{
 for（i= 1; i<= 150; i++ ）      //循环语句，舵机从1° 到150° 连续转动
 {
  servo_pin_4.write（i）;         //D4引脚以参数 i 执行输出
  delay（ 20 ）;                  //延迟20 ms，即上条语句的动作持续20 ms
 }
 delay（ 4000 ）;                 //延迟4 s，即停顿4 s后再执行后面的程序
 for（j= 150; j>= 0 ; j-- ）     //循环语句，舵机从150° 到0° 连续转动
 {
  servo_pin_4.write（j）;
  delay（ 20 ）;
 }
 delay（ 2000 ）;
}
```

读者笔记

（4）烧录程序。参考附录A.2.2，完成端口设置并将程序烧录至控制板。注意烧录程序时，主控板电源应处于关闭状态。

（5）运行程序。将5 V锂电池连接至控制板电源接口，打开控制板开关，观察机械手是否能完成抓取动作。

（6）优化机械手机构和控制程序参数。通过调整delay（ ）函数参数 *i* 和 *j* 的值，使机械手运动更顺畅、手爪的开合角度更合理，以实现对指定物体的稳定抓取功能。

### 7.2.4 实验拓展与思考

（1）设计随动轮，搭建三轮或四轮小车。图7.13和图7.14提供了两种常规的随动轮安装方式，可供参考。

图7.13 单边悬挂随动轮（一）

图7.14 单边悬挂随动轮（二）

**注意：随动轮不输出转矩，但是可以起到支撑以及减少摩擦的作用。所以，对于小车以及许多机械结构来说，有时候出于效率的考虑，并不是驱动越多越好。**

（2）用电机替代舵机，完成案例1中的驱动轮实验。

（3）设计一种其他形式的机械手，并进行控制。

## 7.3 实验三 传感器认知实验

### 7.3.1 实验任务

使用红外、超声、灰度、触碰4种常见的传感器作为检测单元，搭建电路。根据执行单元或应用途径的不同，编制相应的控制程序并进行测试。

### 7.3.2 实验原理

传感器可以采集被测量的信息，将其按一定规律变换成电信号或其他形式的信息输出，以满足信息的控制、记录、传输、处理、显示等要求。在Arduino开发环境下，可通过串口监视器查看传感器的返回值，并以此为依据判断机构状态和控制机构完成指定动作或任务。

### 7.3.3 实验案例

本实验介绍了通过串口监视器查看传感器返回值的方法，并提供了红外、超声、灰度、触碰传感器的4个应用实例。

**1. 案例1 串口监视器测试实验**

（1）编写监视程序。参照图7.15或使用C语言编写程序，并将其烧录至控制板。其中“串口打印加回车”图形语句可通过“实用命令”菜单查找。

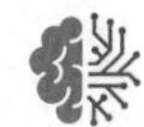

图7.15　调用串口监视器的控制程序

调用串口监视器的C语言控制程序：

```
void setup（）
{
 pinMode（7,INPUT）;      //将7号引脚（即A0引脚）设置为输入模式
 Serial.begin（9600）;    //将串口传输波特率设为9 600
}

void loop（）
{
 Serial.print（!（digitalRead（7）））;
 //接收7号引脚（即A0引脚）的数字量信号，取逆，并在串口监视器中显示（取逆
 //可以令传感器触发时监视器上显示1，未触发时显示0，比较符合人的直觉习惯）
 Serial.println（）;          //换行
}
```

（2）搭建传感器检测电路。以红外传感器为例，将其连接至BigFish扩展板上D7号组合接口，并将BigFish扩展板与Basra主控板堆叠连接，通过数据线连接至电脑。

（3）查看传感器返回值。打开Serial Monitor查看传感器返回值，ArduBlock图形化界面和Arduino IDE主界面的打开方式分别如图7.16和图7.17所示。

图7.16　ArduBlock图形化主界面的Serial Monitor

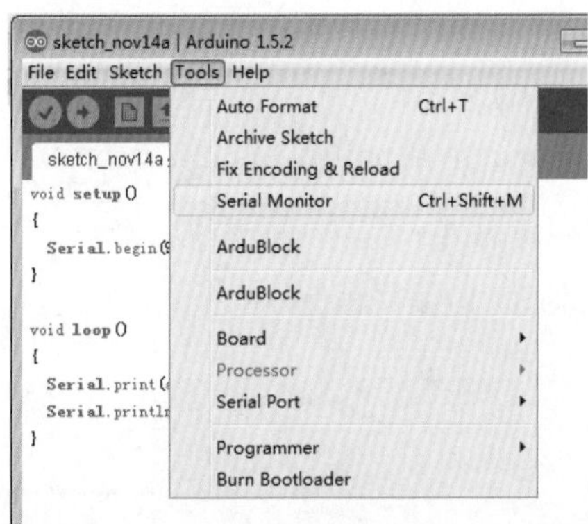


图7.17　Arduino IDE主界面的Serial Monitor

2. 案例2　红外传感器认知实验

（1）搭建电路。在本实验案例1的基础上，以实验二案例1中驱动轮作为执行单元，接入BigFish扩展板上D4号组合接口，搭建完整电路。

（2）编写控制程序。通过条件判断确定执行指令，当传感器返回值为"1"时，给驱动轮以转动指令，代表无障碍通行；当返回值为"0"时，给驱动轮以停止指令，代表遇到障碍物停止，具体程序可参照图7.18编写。

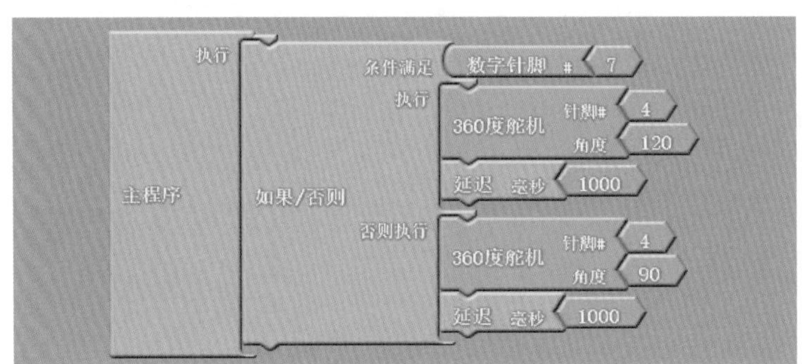


图7.18　基于红外传感器的驱动轮控制程序

（3）测试。

烧录程序并运行，观察驱动轮状态。

在红外传感器前放置遮挡物，观察驱动轮状态变化。

由近及远改变遮挡物与红外传感器的距离，通过驱动轮的状态变化确定实验用红外传感器的感应距离和感应范围，并记录。

3. 案例3　超声波传感器认知实验

（1）搭建传感器检测电路。按照本实验案例1中搭建传感器检测电路的方法，将超声波传感器接入测试电路。其中，超声波传感器是模拟量传感器，需使用模拟量接口。在BigFish扩展板上有4组设计好的模拟引脚组合接口（图6.5中红色部分），可直接组合使用。超声波传感器四个引脚排列顺序分别是GND、VCC、echo和trigger，本实验直接使用含A0和A1两个模拟引脚的组合接口。按照对应关系，超声波传感器触发端（trigger）连接的是A1号引脚，接收端（echo）连接的是A0号引脚。

**注意：BigFish扩展板上4组模拟引脚组合接口是不完全相同的，其中有两组含两个模拟引脚，一组含一个模拟引脚，另外一组含一个模拟引脚、一个数字引脚。**

（2）编写监视程序。按照图7.19编写程序。

图7.19　查看超声波传感器返回值的控制程序

**注意：由于ArduBlock图形化编程工具的引脚号只能用数字表示，故图7.19中引脚号与控制板上编号不相同。其中，A0引脚对应编号14，A1引脚对应编号15，其他模拟引脚对应的数字编号可以类推。如果用C语言编写程序，则不存在该问题。**

（3）传感器测试。烧录程序，并打开串口监视器。在超声波传感器的测试方向上放置遮挡物，观察串口监视器的监测值；移动遮挡物，继续观察串口监视器的监测值。图7.20所示为遮挡物距离传感器约10 cm时的一组监测值示例，从中可以看出超声波传感器返回的是距离值，单位是cm。继续移动遮挡物，通过串口监视器的检测值确定实验用超声波传感器的测试距离和测试范围，并记录。

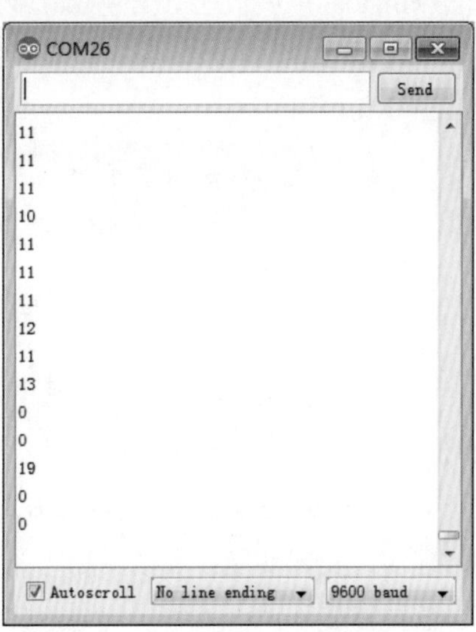

图7.20　超声波传感器检测值示例

（4）连接执行单元。以直流电机作为执行单元，将其连接至BigFish扩展板，本实验连接D5和D6两个引脚。

（5）编写控制程序。参照图7.21编写程序，实现功能：以直流电机作为控制对象，当遮挡物或目标距离传感器大于10 cm时，电机转动；当遮挡物或目标距离传感器等于或小于10 cm时，电机停止转动。

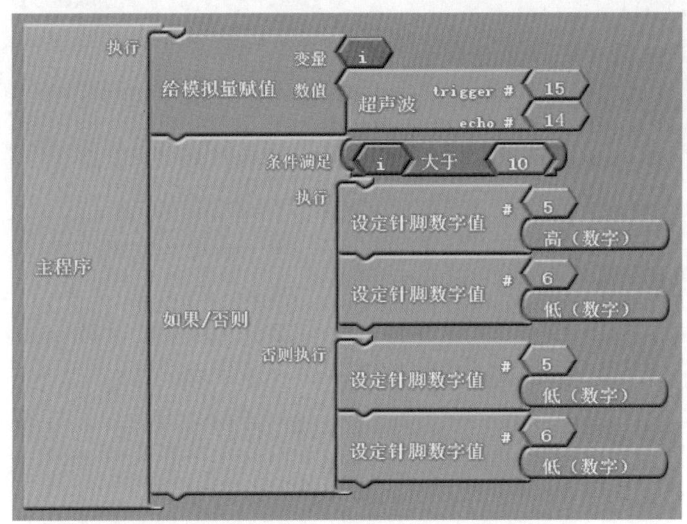

图7.21　基于超声波传感器的电机转动控制程序

（6）测试。

烧录程序并运行，观察电机状态。

在超声波传感器的测试方向上放置遮挡物（目标物体），并改变遮挡物与超声波传感器的距离，观察电机状态变化。

**4. 案例4 灰度传感器认知实验**

（1）搭建传感器检测电路。灰度传感器是模拟量传感器，故应接模拟引脚，本实验依然以BigFish扩展板上A0号引脚为例进行连接，并搭建电路。

（2）编写监视程序。参照图7.22进行编写。

图7.22 查看灰度传感器返回值的控制程序

（3）传感器测试。烧录程序，并打开串口监视器。在灰度传感器的测试方向上放置不同灰度的物体，观察串口监视器的监测值，并记录不同灰度物体对应的灰度测试值。

（4）测试应用。以上述测试结果为依据，参考图7.23的图形化程序或使用C语言编写控制程序，实现功能：当被测物为黑色时，串口监视器显示“black”；当被测物为白色时，串口监视器显示“white”。烧录程序并进行测试。

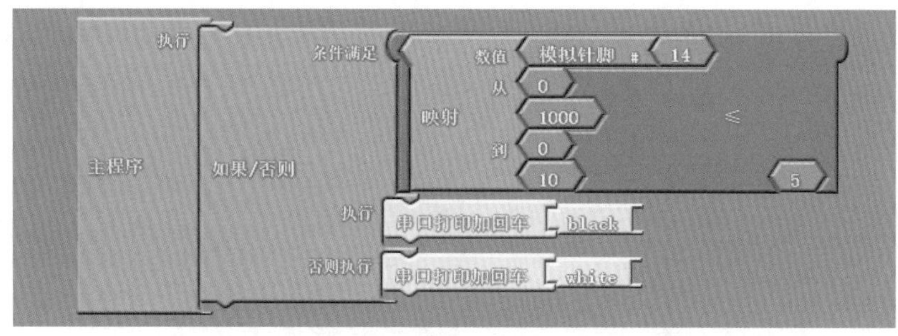


图7.23 基于灰度传感器的黑白物体识别程序

基于灰度传感器的黑白物体识别C语言程序：

```
#define shar A0                    //将A0引脚宏定义为shar，即用shar代表A0
void setup（）{
 pinMode（shar,INPUT）;            //将shar设置为输入模式
 Serial.begin（9600）;
}

void loop（）
{
 int a= analogRead（shar）;        //读入灰度传感器电压值（模拟量）
```

```
    int c= map（a,0,1000,0,10）;        //将a的取值0～1 000（取值范围理论上为0～1 023，
                                        //可以不用写到极限值）映射到0～10，并将值赋给c
    if（c<=5）                          //判断是否为黑色物体（深色物体吸光，检测值越小，
                                        //代表反射回来的光线越少，即目标颜色越深）
    Serial.print（"black"）;            //在监视器上显示输出"black"字符
    else
    Serial.print（"white"）;            //在监视器上显示输出"white"字符
    Serial.println（）;                 //换行
}
```

**5. 案例5　触碰传感器认知实验**

（1）搭建电路。将触摸传感器连接到BigFish扩展板上A0号组合接口，并搭建完整电路。

**注意：所有模拟引脚都可以作为数字引脚使用，所以触碰传感器虽然是数字量传感器，但也可以使用A0号引脚。**

（2）编写测试程序。参考图7.24编写程序，实现功能：触摸计数，即触碰传感器每被触发一次，传感器计数一次，最终在串口监视器显示累计触发次数。

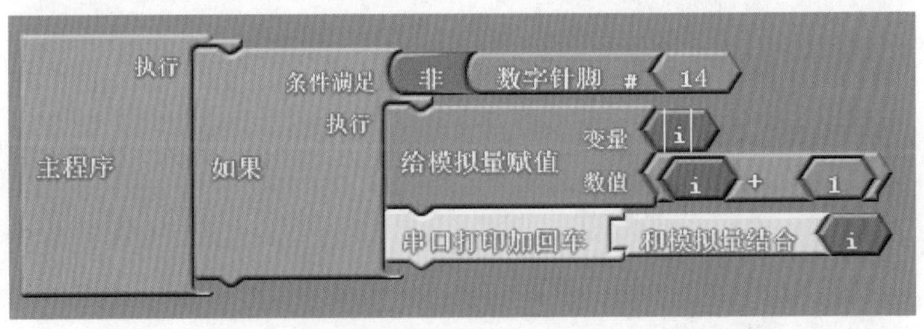


图7.24　计数程序（一）

**注意：TTL传感器的触发条件是"低电平"，而 数字针脚 # 14 语句代表"14号数字引脚获得高电平"，因此要在前面加一个逻辑运算符 非 。**

（3）测试。烧录程序并执行，打开串口监视器，轻轻触摸触碰传感器的触摸感应区，观察串口监视器的监测值，图7.25所示为一组测试值示例。

（4）过滤连续触发信号。由图7.25可知，触碰传感器非常灵敏，即使是轻轻触碰，传感器也会被多次触发。所以在应用触碰传感器时，必须对连续触发信号进行过滤。图7.26给出了另一种参考方案，即通过为传感器检测增加延时语句，降低监测频率。根据单次触摸对应的传感器触发时间及次数，调整延时参数并优化程序。

（5）应用。在上述实验基础上，以直流电机作为执行单元，将其连接至BigFish扩展板，本实验接D9号数字引脚和GND地脚。参照图7.27编写程序，实现功能：当触碰传感器触发次数为5时，直流电机转动，否则静止。烧录并运行程序，观察程序的执行效果。

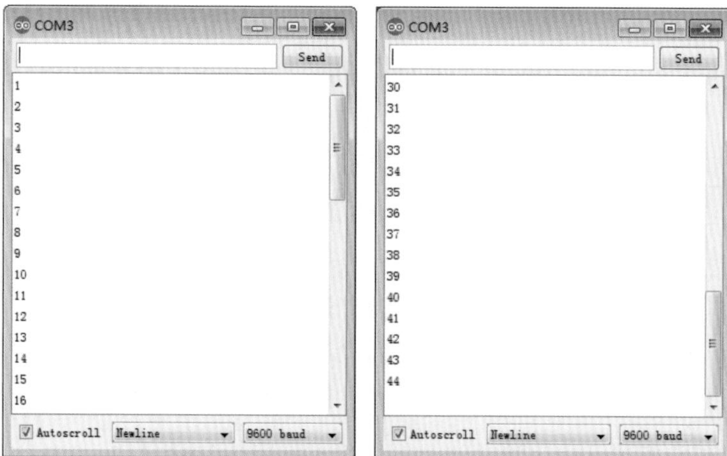


图7.25　触摸计数显示

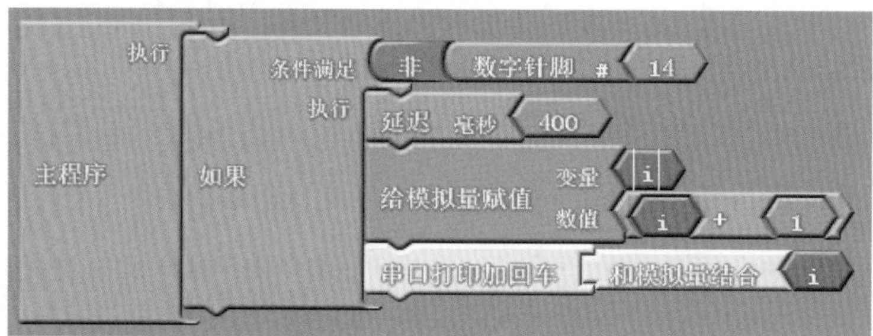


图7.26　计数程序（二）

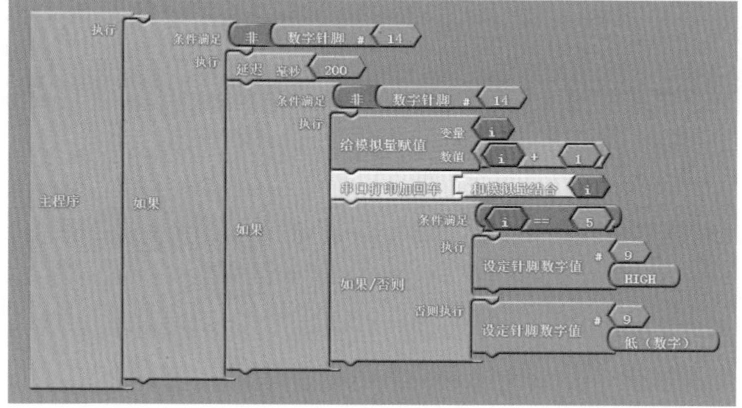


图7.27　计数程序（三）

### 6. 实验拓展

（1）总结案例中使用过的传感器的特性和使用方法，对比分析不同传感器的触发条件和使用范围。

（2）总结传感器的通用用法，并对加速度传感器、温湿度、颜色识别、红外编码器等进行测试和应用。

# 第8章

# 综合实验

通过基础篇的学习和基础实验的训练，学生已经掌握机、电及控制的基础知识、实验平台的功能和基础用法。本章将以完成避障、循迹、跟随、分拣物料、自平衡等具体实验任务为导向，引导学生自主设计及搭建不同功能的机器人，包括车型机器人、多自由度关节机器人、机械臂等，选择传感器，设计控制方案，完成实验任务，并进行拓展与思考。

（1）掌握不同功能机器人的设计方法和适用场景。

（2）掌握常用传感器的工作原理、使用范围和使用方法，能够利用传感器采集信号并根据需要进行反馈控制。

（3）掌握图形化编程软件ArduBlock的使用方法和C语言编程技能，能够根据需求选择合适的方式编制控制程序。

## 8.1 实验四　实验小车设计与行进控制实验

### 8.1.1　实验任务

设计搭建不同驱动形式、不同结构的实验小车，基于差速原理完成小车前行、转弯和后退等控制程序的设计与测试，最终控制小车完成图8.1所示的轨迹行进任务。

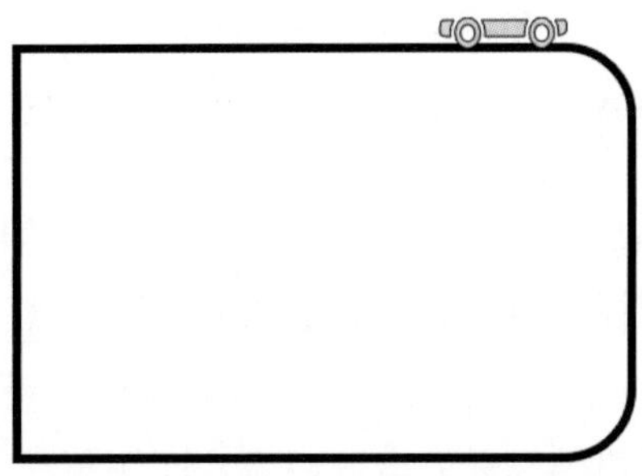

图8.1　小车行进轨迹示意图

### 8.1.2 实验原理

两驱和四驱是两种比较常见的小车驱动形式。两驱小车只有两个车轮是驱动轮，当两个前轮是驱动轮时，可以通过前轮拽后轮的形式直接驱动小车行进，通过差速能够使左、右驱动轮以不同转速转动，进而实现小车的前进、转弯和后退。

图8.2和图8.3展示了不同的差速形式，以及达到的差速运动效果。从图中可以直观看出，当左、右驱动轮速度一致时，小车将保持前进或后退状态，如图8.2（a）和图8.2（b）所示；当左、右驱动轮产生速度差时，小车即可完成转弯，且通过调节速度差可以改变转弯速度和转弯半径，如图8.2（c）和图8.3（a）所示。特别地，当两个驱动轮速度大小一致、方向相反时，小车将原地旋转，如图8.3（b）所示。

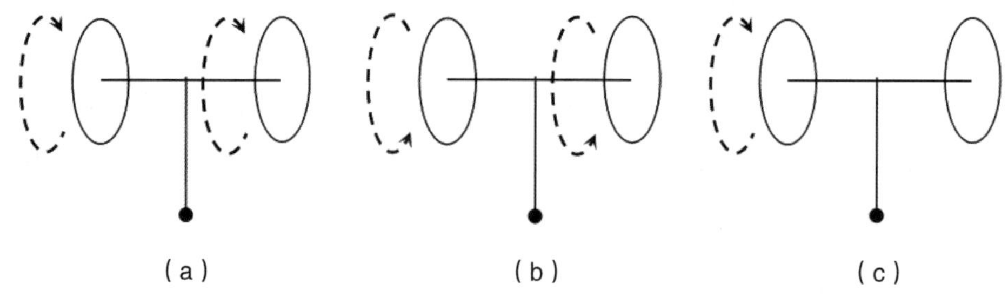


图8.2 差速运动图解一

（a）两轮同时正转：前进；（b）两轮同时反转：后退；（c）一转一停：以轮为圆心旋转

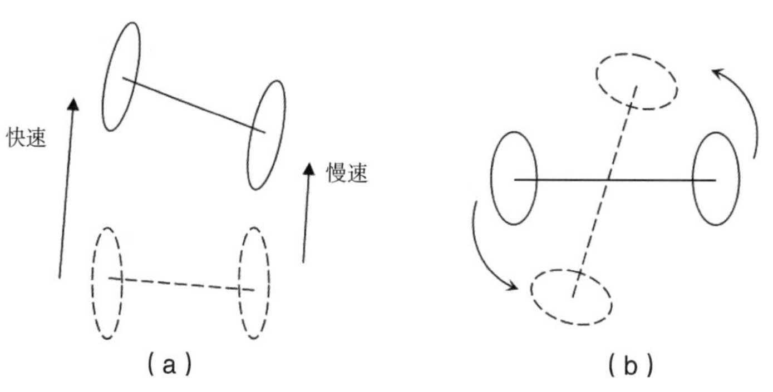


图8.3 差速运动图解二

（a）同向一快一慢：转弯；（b）同速一正一反：原地旋转

四驱小车的四个车轮全部是驱动轮，与两驱小车相比，结构更加稳定，能提供更大的动力输出，从而使实验小车在同样的负载下达到更快的运动速度。但是，四驱小车要求同侧的电机必须同步转动，转速不同或方向相反会严重影响运动效果。因此，对于四驱小车，对4个驱动轮进行分别控制并不是最佳设计方案，而应将同侧驱动轮并联，即用同一个端口来控制同侧的两个驱动轮，才能保持更好的速度一致性。

### 8.1.3　实验案例

本实验提供了两驱小车、四驱小车和带拖挂小车的设计及控制案例。

**1. 案例1　两驱小车设计与行进控制实验**

（1）两驱小车设计。思考并设计一款可实现前进、后退、转弯等功能的两驱小车，其基本结构可参考图8.4 ~ 图8.7，本案例使用360° 舵机。

图8.4　双轮支点型小车

图8.5　双轮水平支点型小车

图8.6　双轮万向小车（一）

图8.7　双轮万向小车（二）

（2）小车前进和后退测试。编制直行程序，控制两个舵机等速转动，实现小车前进和后退。调整控制参数，改变行进速度。

（3）小车转弯测试。基于差速运动原理编制转弯程序，控制两个舵机差速转动，实现小车左转和右转。调整控制参数，记录两个舵机的速度值和小车的转弯半径，分析其对应关系。

（4）行进综合测试。基于上述测试结果，编写行进程序，并通过调试两个舵机的速度参数、延时函数的时间参数等，使小车完成图8.1所示的轨迹行进任务。

**注意：对于图8.1所示轨迹，要求小车在直角处必须原地转弯，圆弧处必须按转弯半径转弯，行进误差应尽可能小。**

（5）行进控制优化。调整相关参数，优化行进性能。自行设计数据记录表格，记录相关数据与实验现象，并进行分析。

本案例中实验小车的设计搭建、程序的编写和小车的控制均可参考实验二中案例1的相关内容，也可基于Arduino自带的例程Fading进行改写和优化，打开方式如图8.8所示。Fading程序如下：

```
int LEDPin = 9;              //将电机连接至9号引脚
void setup（）
{
}
void loop（）
{
 for（int fadeValue = 0 ； fadeValue <= 255； fadeValue +=5）
 {
                             //使用for循环，使fadeValue的值从0递增到255，单次增幅为5
  analogWrite（LEDPin, fadeValue）；
  delay（30）；              //等待30 ms，观察电机的执行效果
 }
 for（int fadeValue = 255 ； fadeValue >= 0； fadeValue -=5）
 {
                             //使用for循环，使fadeValue的值从255递减到0，单次减幅为5
  analogWrite（LEDPin， fadeValue）；
  delay（30）；              //等待30 μs，观察电机的执行效果
 }
}
```

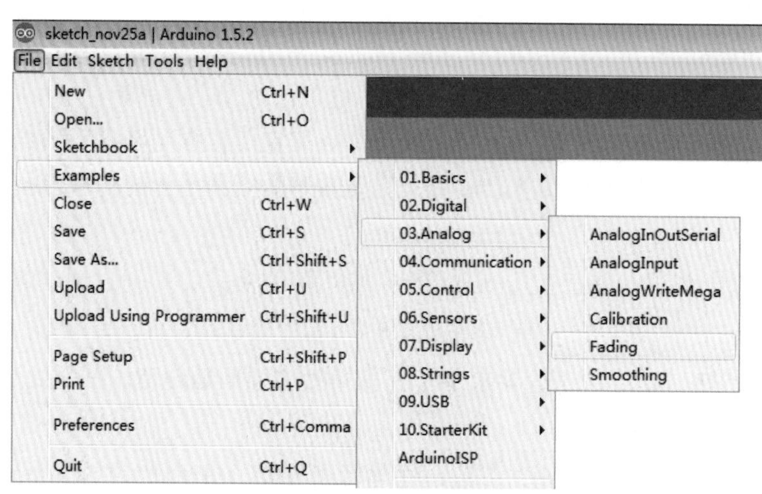


图8.8　Arduino自带例程Fading打开方式示意图

### 2. 案例2. 四驱小车设计与行进控制实验

（1）四驱小车设计。思考并设计一款可实现前进、后退、转弯等功能的四驱小车，其基本结构可参考图8.9。

图8.9　四驱小车

（2）同侧车轮等速控制。用图8.10所示的1拖2扩展线将同侧的驱动轮并联，以便于同步控制。将驱动电机连接至BigFish扩展板，依次进行两侧车轮的等速转动控制调试与测试。具体操作可参考本实验案例1中的两驱小车控制程序，烧录并执行程序，观察小车能否正常完成前进、转弯等动作，记录问题并分析原因。

图8.10　1拖2扩展线

**注意：如果同侧车轮行进方向不一致，可通过改变杜邦线接头正反的方式来调整。**

（3）四驱控制程序优化。基于案例1中的两驱小车控制程序，根据四驱的运动特性对控制程序进行优化，调整相关参数，优化行进性能，使小车完成图8.1所示的轨迹行进任务。

### 3. 案例3 双驱拖挂小车设计与行进控制实验

（1）双驱拖挂小车设计。基于本实验案例1中两驱小车结构，思考并设计一款四轮双驱拖挂小车，其基本结构可参考图8.11。

（2）双驱拖挂小车控制程序优化。基于案例1中的两驱小车控制程序，根据拖挂小车的结构特点和运动特性对控制程序进一步优化，调整相关参数，优化行进性能，使小车完成图8.1所示的轨迹行进任务。

图8.11　双驱拖挂小车

### 8.1.4　实验拓展与思考

基于上述实验，对两驱小车、四驱小车和双驱拖挂小车的行进测试结果进行对比，并分析其优劣势。

## 8.2　实验五　车距控制与跟随实验

### 8.2.1　实验任务

基于超声波传感器的测距功能，完成实验小车与目标物体或障碍物的距离测试，并根据传感器返回值编制控制程序，完成以下任务：控制小车倒车，同步发出警示信号；识别目标，并近距离跟随行进。

### 8.2.2　实验原理

超声波传感器通过测量声波在发射后遇到障碍物反射回来的时间，根据发射和接收的时间差计算出发射点到障碍物的实际距离，如图8.12所示。

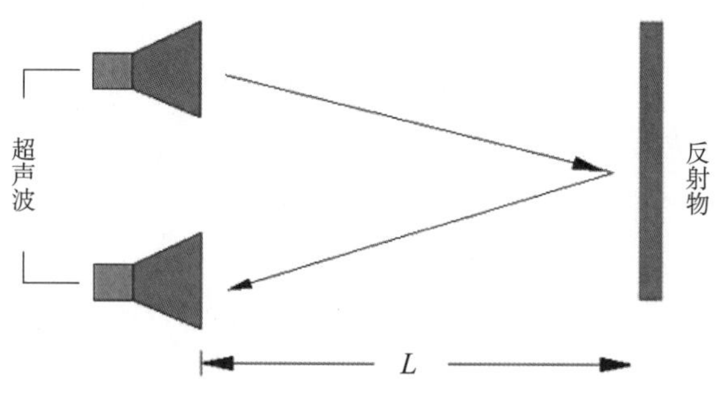


图8.12　超声波传感器测距原理示意图

根据图8.12所示可以得到：

$$距离L=声速v \times 往返时间差t/2$$

式中，$L$单位为m；$v$单位为 m/s；$t$单位为 s 。

声波在空气中的传播速度是340 m/s，但是这个数据是有前提的，即1个标准大气压和15 ℃的条件下。而声波在1个标准大气压和20 ℃的条件下速度为344 m/s。

根据实际测量距离及时间进行单位换算，$L$单位转换为cm，$t$单位转换为 μs，可得

$$L = 0.017\,2\,t \approx t/58$$

超声波测距算法：

distance = pulseIn（ECHOPIN, HIGH）;

distance= distance/58;

pulseIn（ ）的功能是获取两个信号的时间差，即发出超声波到收到反射回来的超声波的时间差，单位是μs。

### 8.2.3　实验案例

本实验提供了实验小车倒车雷达和变速跟随两个案例。

**1. 案例1 雷达测距与控制实验**

（1）实验小车设计。思考并设计一款具备倒车功能的实验小车，其基本结构、搭建方式以及基础控制可参考实验四完成。

（2）警示方案设计。选择或设计一款声光控件，如LED灯、蜂鸣器等，使小车在倒车过程中，当距离墙壁、行人等障碍物超过安全距离时，能够及时发出警示信号。思考声光控件的安装形式，并定义警示信号的具体展示方式，使其能够起到较好的警示效果。

（3）雷达布局方案设计。参考实验三案例1和案例3的串口监视器、超声波传感器相关内容，测试超声波传感器的有效测试距离、可覆盖范围，确定传感器数量及其安装布置方案，使小车能够全方位识别周边的障碍物。

（4）倒车雷达警示逻辑设计。基于车型、警示装置、超声波传感器等结构与布局方案，设计倒车雷达的警示逻辑，并用清晰的逻辑树或流程图展示。

（5）倒车雷达功能实现。编写控制程序，调整相关参数，并进行测试，使小车在不同的环境中均能够实现安全倒车。

本案例提供了一种以红、绿LED灯闪烁作为指示，使用1个超声波传感器作为检测单元的倒车雷达控制程序，程序如下：

```
#define LED0 A4
#define LED1 A5                //宏定义2个LED灯的接入引脚
int distance;
int Echo = A0;                 //超声波传感器回声脚接在A0引脚，用变量Echo代表A0
```

```
int Trig = A1;                      //超声波传感器触发脚接在A1引脚，用变量Trig代表A1
int a;

void setup（）{
 Serial.begin（9600）;
 pinMode（Echo,INPUT）;             //将Echo定义为超声波输入脚
 pinMode（Trig,OUTPUT）;            //将Trig定义为超声波输出脚
}
int Distance_test（）               //定义Distance_test（）函数，用于测量前方距离
{
 digitalWrite（Trig, LOW）;         //给触发脚低电平2μs
 delayMicroseconds（2）;
 digitalWrite（Trig, HIGH）;        //给触发脚高电平10μs，这里至少是10μs
 delayMicroseconds（10）;
 digitalWrite（Trig, LOW）;         //持续给触发脚低电平
 float Fdistance = pulseIn（Echo, HIGH）; //读取发送、接收之间的时间差（单位：μs）
 Fdistance= Fdistance/58;           //将传感器返回时间转换为距离（单位：cm）
 delay（50）;
 return（int）Fdistance;
}
 //定义flash0（）函数，用于点亮绿灯
void flash0（）
{
 digitalWrite（LED0,HIGH）;
 digitalWrite（LED1,LOW）;
 delay（1000）;
}
 //定义flash1（）函数，用于红灯闪烁的控制
void flash1（）
{
 digitalWrite（LED0,LOW）;
 digitalWrite（LED1,HIGH）;
 delay（a）;
 digitalWrite（LED0,LOW）;
```

```
  digitalWrite（LED1,LOW）;
  delay（a）;
}
void loop（）
{
  distance = Distance_test（）;          //将Distance_test（）函数的值赋给变量distance
  Serial.println（distance）;
  if（distance>=20）
  {
   flash0（）;                           //当距离大于等于20 cm时，绿灯常亮
  }
  else
  {
   a=500-pow（（20-distance）,2）;
  //当距离小于等于20 cm时，红灯以此公式计算出的a值为周期闪烁
   flash1（）;
  }
}
```

该程序实现功能：当小车倒车时，如后方有障碍物，则LED灯的闪烁频率和距离成反比，即距离越小，闪烁频率越高，以起到警示作用。

**2. 案例2 变速跟随控制实验**

（1）实验小车设计。思考并设计一款基本运动功能的实验小车，其基本结构、搭建方式以及基础控制可参考实验四完成。

（2）超声波传感器布局方案设计。参考实验三案例1和案例3的串口监视器、超声波传感器相关内容，测试超声波传感器的有效测试距离、可覆盖范围，根据目标跟随任务，确定传感器数量及其安装布置方案，并进行安装固定。

（3）“跟随”逻辑设计。基于车型、超声传感器等结构与布局方案，设计“跟随”逻辑，并用清晰逻辑树或流程图展示。

（4）变速跟随功能实现。编写控制程序，调整相关参数，并进行测试，使小车能够跟随目标行进。

本案例提供了一种变速跟随控制程序，程序如下：

```
int speed1 = 150;
int speed2;
int distance;
```

```
#define zero 0         /用zero代表0
int Echo = A0;         //超声波传感器回声脚接在A0引脚，用变量Echo代表A0
int Trig = A1;         //超声波传感器触发脚接在A1引脚，用变量Trig代表A1

void setup（ ）
{
 pinMode（5, OUTPUT）;
 pinMode（6, OUTPUT）;
 pinMode（9, OUTPUT）;
 pinMode（10, OUTPUT）;                      //初始化引脚
 pinMode（Echo, INPUT）;                     //定义超声波输入脚
 pinMode（Trig, OUTPUT）;                    //定义超声波输出脚
}
int Distance_test（ ）                        //测出前方距离
{
 digitalWrite（Trig, LOW）,                   //给触发脚低电平2 μs
 delayMicroseconds（2）;
 digitalWrite（Trig, HIGH）;                  //给触发脚高电平10 μs，这里至少是10 μs
 delayMicroseconds（20）;
 digitalWrite（Trig, LOW）;                   //持续给触发脚低电平
 float Fdistance = pulseIn（Echo, HIGH）;     //读取发送、接收之间的时间差（单位：μs)
 Fdistance= Fdistance/58;                    //将返回的时间转换为距离（单位：cm）
 return （int）Fdistance;
}
 // carstop（ ）函数，用于控制小车停止
void carstop（ ）
{
 analogWrite（5, zero）;
 analogWrite（6, zero）;
 analogWrite（9, zero）;
 analogWrite（10, zero）;
}
 // follow（ ）函数，用于控制小车跟随
void follow（ ）
```

```
{
  analogWrite ( 6, speed2 ) ;
  analogWrite ( 5, zero ) ;
  analogWrite ( 10, speed2 ) ;
  analogWrite ( 9, zero ) ;
}
void loop ( )
{
  distance = Distance_test ( ) ;
    //将Distance_test ( ) 函数的值，即超声波传感器测到的距离值赋给变量distance
  if ( distance<=15 )        //如果距离小于15 cm，则调用carstop ( ) 函数
  {
    carstop ( ) ;
  }
  else
  {
    speed2=150+2* ( distance-15 ) ;
  //如果距离大于15 cm，speed 2 变量按此公式赋值，并调用follow ( ) 函数
    follow ( ) ;
  }
}
```

该程序实现功能：当小车与目标物的距离小于15 cm时，小车停止；当小车与目标物的距离大于15 cm时，小车前进，且距离越远，速度越快，即做到变速跟随。

### 8.2.4　实验拓展与思考

查阅文献，分析与总结目前主流的自动驾驶与倒车雷达实现方式和技术现状，基于现有的实验器材，优化改进或新设计一款实验小车，并进行变速跟随和倒车雷达测试。

## 8.3 实验六　避障小车设计与运动控制实验

### 8.3.1　实验任务

搭建实验小车，使小车具备基本的直行、倒退及转向功能。选择合适传感器，设计避障方案，编写控制程序，使小车能在行进过程中识别侧方及前方障碍，并进行有效躲避，最终完成行进任务。

## 8.3.2 实验原理

机器人避障是机器人技术中一项最基础也是一项极为关键的功能，它旨在让机器人行动过程中保证不发生碰撞。机器人避障技术的核心包括了传感器的选择和避障策略的选择。不同的传感器有不同的特点以及原理，不同的策略适用于不同的避障需求，当然对于复杂场景，还要涉及算法。实验中常用来避障的传感器包括红外光电传感器、触碰传感器、测距传感器等，对于触碰传感器，只有与障碍物有物理接触时，传感器才会返回障碍物信号，适用于允许与障碍物物理接触的场景；对于超声波传感器，则有相应的测距范围，可以在测距范围内选择一个距离阈值作为执行避障指令的依据。

## 8.3.3 实验案例

本实验提供触碰传感器避障和超声波传感器避障两个案例。

**1. 案例1 基于触碰传感器的避障控制实验**

（1）实验小车设计。思考并设计一款具备基本运动能力的实验小车，其基本结构、搭建方式以及基础控制可参考实验四完成。

（2）简单避障测试。在小车前端适当位置安装触碰传感器，实现以下功能：小车持续前进，遇到障碍物后后退并转向行驶，以躲避障碍。本案例提供了一种参考程序，如图8.13所示。其中，以两个直流电机作为驱动单元，以一个触碰传感器作为检测单元。

（3）简化程序。可通过设置子程序的方法改写程序，使程序更加简洁、直观。在图8.13的程序中，将小车的前进、后退和右转程序改写成子程序后，程序可读性明显增强，如图8.14所示。

该控制程序也可直接用C语言进行编写，程序如下：

```
void setup ( )
{
```

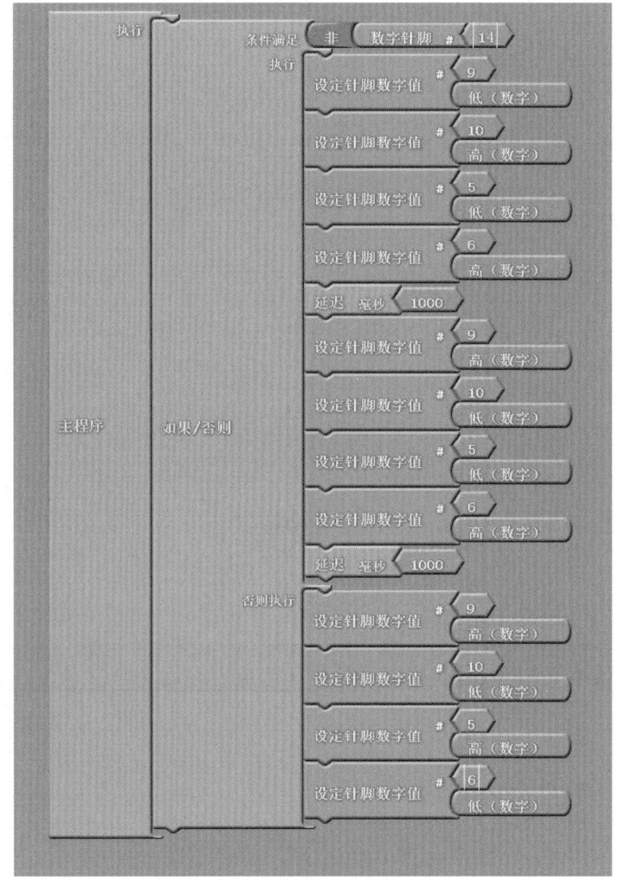


**图8.13 避障功能控制程序**

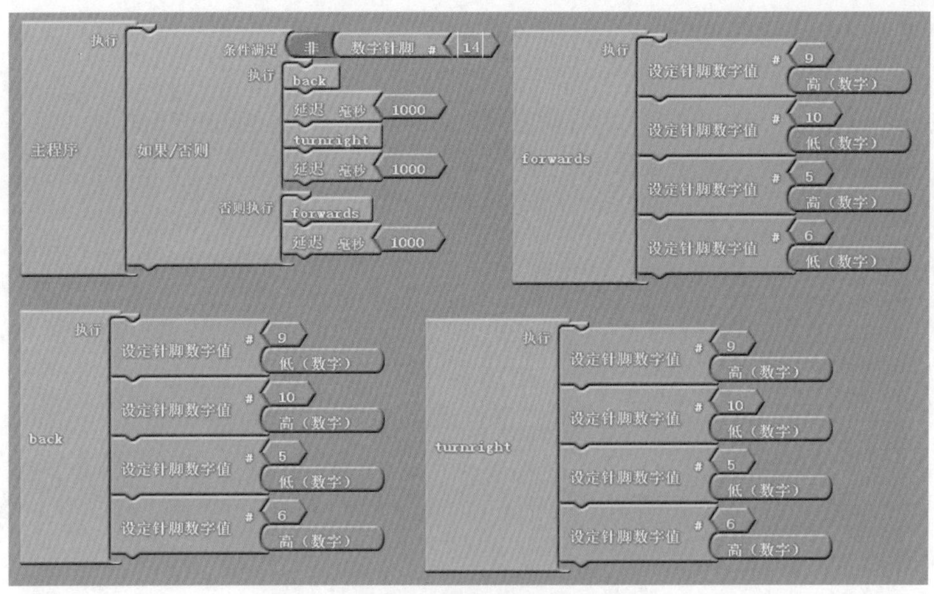


**图8.14　避障功能控制程序（含子程序）**

```
  pinMode（ 14, INPUT ）;              //定义14号引脚为触碰传感器的接口
  pinMode（ 9 , OUTPUT ）;             //9号、10号引脚接一个电机
  pinMode（ 10 , OUTPUT ）;
  pinMode（ 5 , OUTPUT ）;             //5号、6号引脚接一个电机
  pinMode（ 6 , OUTPUT ）;
}
void forwards（ ）                    //前进子程序
{
  digitalWrite（ 9 , HIGH ）;          //9号高、10号低，电机向前进方向转动
  digitalWrite（ 10 , LOW ）;          //注意电机两个接线端的连接
  digitalWrite（ 5 , HIGH ）;          //5号高、6号低，电机向前进方向转动
  digitalWrite（ 6 , LOW ）;           //注意电机两个接线端的连接
}
void turnright（ ）                   //右转弯子程序
{
  digitalWrite（ 9 , HIGH ）;          //9号高、10号低，电机向前进方向转动
  digitalWrite（ 10 , LOW ）;          //注意两个电机的左右安装位置调整接入引脚
  digitalWrite（ 5 , LOW ）;           //5号低、6号高，电机向后退方向转动
  digitalWrite（ 6 , HIGH ）;          //注意两个电机的左右安装位置调整接入引脚
}
```

```
void back ( )                    //后退子程序
{
 digitalWrite ( 9 , LOW ) ;       //9号低、10号高，电机向后退方向转动
 digitalWrite ( 10 , HIGH ) ;
 digitalWrite ( 5 , LOW ) ;       //5号低、6号高，电机向后退方向转动
 digitalWrite ( 6 , HIGH ) ;
}
void loop ( )
{
 if ( ! ( digitalRead ( 14 ) ) )  //读取14号引脚的数值，取反后进行判断
 {
  back ( ) ;
  delay ( 1000 ) ;
  turnright ( ) ;
  delay ( 1000 ) ;
 }
 else
 {
  forwards ( ) ;
  delay ( 1000 ) ;
 }
}
```

（4）避障方案设计。考虑道路侧方、前方均有可能出现障碍物，故一个传感器无法满足避障需求。设计避障方案，明确需要的传感器数量以及布置方案，使小车获得宽广路面、多障碍道路场景的通过能力。

（5）避障逻辑设计。编写避障行为策略表，明确每个传感器状态变化与对应的动作指令。

（6）综合避障测试。对照避障行为策略表编写控制程序并测试，使小车能在行进过程中识别侧方及前方障碍，并进行有效躲避，最终完成行进任务。

**2. 案例2 基于超声波传感器的避障控制实验**

（1）实验小车设计。思考并设计一款具备基本运动能力的实验小车，在小车前端安装舵机和超声波传感器，使得舵机能够带动超声波传感器旋转，其基本结构可参考图8.15完成。本结构的特别之处在于超声波传感器是可旋转的，增大了传感器的检测范围。

（2）超声波传感器测试。参考实验三案例1和案例3中串口监视器、超声波传感器相关内容，测试超声波传感器的有效测试距离和可覆盖范围。

图8.15　超声波传感避障小车

（3）旋转检测功能实现。根据传感器的检测距离和范围，确定传感器的旋转检测方案，包括单次旋转角度、旋转速度等，编写程序进行测试。

（4）避障方案设计。使小车实现以下功能：小车正常行进，当前方障碍距离小于20 cm时，小车停下；超声波传感器左右摇摆，检测道路通畅情况，小车转向无障碍物方向，继续前行。

（5）综合避障测试。根据避障方案，编写控制程序并测试。本案例提供了一种避障控制程序，程序如下：

```
#include <Servo.h>
Servo myservo;
int Echo = A0;                         //超声波传感器Echo回声脚（P2.0）
int Trig = A1;                         //超声波传感器Trig触发脚（P2.1）
int rightDistance = 0;
int leftDistance = 0;
int middLEDistance = 0 ;

void setup（ ）
{
  myservo.attach（4）;                 //将D4引脚设置为舵机引脚
  Serial.begin（9600）;                //初始化串口通信波特率
  pinMode（Echo, INPUT）;              //定义超声波输入引脚
  pinMode（Trig, OUTPUT）;             //定义超声波输出引脚
  pinMode（5,OUTPUT）;                 //设置右边电机的引脚为5、6
  pinMode（6,OUTPUT）;                 //顺着小车前进方向看
  pinMode（9,OUTPUT）;                 //设置左边电机的引脚为9、10
  pinMode（10,OUTPUT）;                //顺着小车前进方向看
```

读者笔记

```
}

void forward ( )                    //前进子程序
{
 digitalWrite ( 5,HIGH ) ;
 digitalWrite ( 6,LOW ) ;
 digitalWrite ( 9,HIGH ) ;
 digitalWrite ( 10,LOW ) ;
}
void back ( )                       //后退子程序
{
 digitalWrite ( 5,LOW ) ;
 digitalWrite ( 6,HIGH ) ;
 digitalWrite ( 9,LOW ) ;
 digitalWrite ( 10,HIGH ) ;
}
void turnleft ( )                   //左转子程序
{
 digitalWrite ( 5,HIGH ) ;
 digitalWrite ( 6,LOW ) ;
 digitalWrite ( 9,LOW ) ;
 digitalWrite ( 10,HIGH ) ;
}
void turnright ( )                  //右转子程序
{
 digitalWrite ( 5,LOW ) ;
 digitalWrite ( 6,HIGH ) ;
 digitalWrite ( 9,HIGH ) ;
 digitalWrite ( 10,LOW ) ;
}
void stop ( )                       //停止子程序
{
 digitalWrite ( 5,LOW ) ;
 digitalWrite ( 6,LOW ) ;
```

```
  digitalWrite（9,LOW）;
  digitalWrite（10,LOW）;
}
int Distance_test（）                              //测出前方距离子程序
{
  digitalWrite（Trig, LOW）;                       //给触发脚低电平2 μs
  delayMicroseconds（2）;
  digitalWrite（Trig, HIGH）;                      //给触发脚高电平20 μs，这里至少是10 μs
  delayMicroseconds（20）;
  digitalWrite（Trig, LOW）;                       //持续给触发脚低电平
  float Fdistance = pulseIn（Echo, HIGH）;         //读取发送、接收之间的时间差（单位：μs）
  Fdistance= Fdistance/58;                        //将返回的时间转换为距离（单位：cm）
  return （int）Fdistance;
}

void loop（）
{
  stop（）;
  myservo.write（90）;                             //超声波传感器指向前方
  delay（500）;
  middLEDistance = Distance_test（）;              //调用测距子程序得到前方距离
  Serial.print（"middLEDistance="）;
  if（middLEDistance<=20）                         //判断前方距离是否小于20 cm
  {
    stop（）;
    delay（500）;
    myservo.write（5）;                            //超声波传感器转向右边
    delay（1000）;
    rightDistance = Distance_test（）;             //调用测距子程序得到右边距离
    Serial.print（"rightDistance="）;
    delay（500）;
    myservo.write（90）;
    delay（1000）;
    myservo.write（175）;                          //超声波传感器转向左边
```

```
    delay（1000）;
    leftDistance = Distance_test（）;
    Serial.print（"leftDistance="）;             //调用测距子程序得到左边距离
    delay（500）;
    myservo.write（90）;                          //超声波传感器回到指向前方
    delay（1000）;
    if（rightDistance>leftDistance）             //右边距离大于左边距离，右转
    {
      turnright（）;
      delay（450）;
    }
    else if（rightDistance<leftDistance）        //右边距离小于左边距离，左转
    {
      turnleft（）;
      delay（450）;
    }
    else
    {
      forward（）;
    }
  }
  else
  forward（）;
}
```

### 8.3.4 实验拓展与思考

（1）使用近红外接近传感器设计避障方案，并分析、对比不同方案的优缺点。

（2）思考多种传感器组合使用的可能性，并尝试设计与实现。

## 8.4 实验七 循迹小车设计与运动控制实验

### 8.4.1 实验任务

搭建实验小车，使小车具备直行、转向等基本运动功能。基于灰度传感器，设计循迹方

案，编写控制程序，使小车能完成图8.16所示的循迹任务。

图8.16　黑线轨迹

## 8.4.2　实验原理

循迹，即沿给定轨迹运动。一般通过灰度传感器区分黑或白，且至少使用2个传感器。因为使用一个传感器时，一旦小车偏离轨迹就无法进行方向判别。当使用两个传感器时，一个安装在车头左侧，一个安装在车头右侧，如图8.17（a）所示，如果右侧传感器检测到轨迹，如图8.17（b）所示，则说明小车左偏，需要右转来纠正；同理，如果左侧传感器检测到轨迹，如图8.17（c）所示，则说明小车右偏，需要左转来纠正，如此来保证轨迹始终在两个传感器之间。

当然，也可以使用2个以上传感器，可以使循迹控制更加精确，适用的场景也更多。

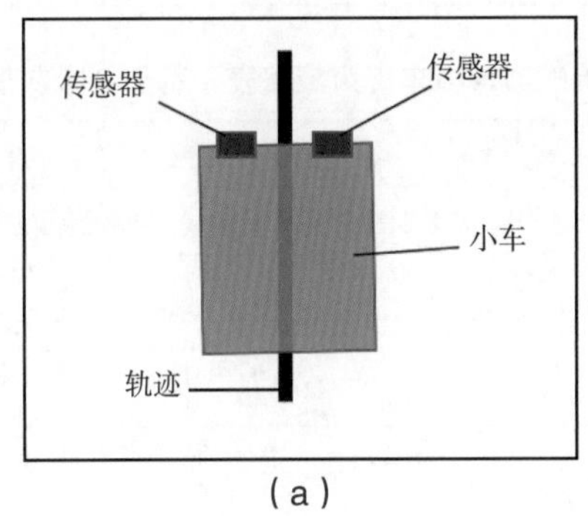


（a）

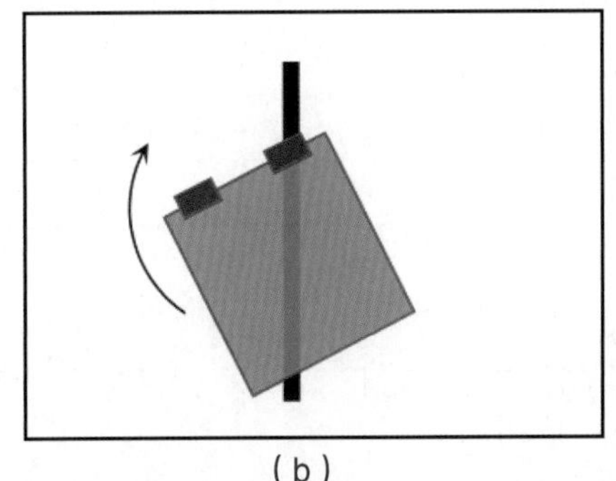

（b）

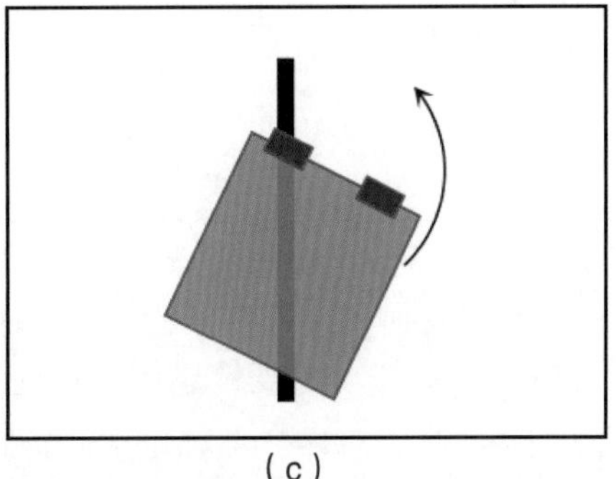

（c）

图8.17　基于2个灰度传感器的循迹原理示意图

（a）传感器安装位置示意图；（b）右侧传感器触发示意图；（c）左侧传感器触发示意图

### 8.4.3 实验案例

本实验提供了实验小车基于灰度传感器完成循迹任务的案例。

（1）实验小车设计。思考并设计一款具备基本运动功能的实验小车，其基本结构、搭建方式以及基础控制可参考实验四完成。

（2）循迹方案设计。自主完成灰度传感器作为数字量传感器使用时的使用方法学习，确定灰度识别方案，包括传感器个数、在小车结构上的布局方案，并用对照表、逻辑树或流程图展示。表8-1和表8-2所示分别为提供了基于2个和3个灰度传感器的传感器与小车行为策略表。

（3）完善“循迹”车结构。根据轨迹尺寸、灰度识别及循迹方案，优化车体结构并正确安装和布局灰度传感器。

**注意：小车的底部前端，传感器距离车轮越远效果越好，具体位置可通过测试调优。**

**表 8-1 传感器与小车行为策略表（基于 2 个灰度传感器）**

| 传感器1返回值 | 传感器2返回值 | 小车状态 | 动作 |
|---|---|---|---|
| 0 | 1 | 小车左偏 | 向右调整 |
| 1 | 0 | 小车右偏 | 向左调整 |
| 1 | 1 | 到达终点 | 停止 |
| 0 | 0 | 正常 | 前进 |

**表 8-2 传感器与小车行为策略表（基于 3 个灰度传感器）**

| 传感器1 | 传感器2 | 传感器3 | 序号 | 小车状态 | 动作 |
|---|---|---|---|---|---|
| 0 | 0 | 0 | 0 | 均未触发，可能原因为跑偏 | 后退，转向 |
| 0 | 0 | 1 | 1 | 小车左偏 | 左轮逆时针转，向右调整 |
| 0 | 1 | 0 | 2 | 小车正中 | 左轮逆时针转，右轮顺时针转，前进 |
| 0 | 1 | 1 | 3 | 在这个行进方向上不可能 | 无 |
| 1 | 0 | 0 | 4 | 小车右偏 | 右轮顺时针转，向左调整 |
| 1 | 0 | 1 | 5 | 在此跑道上不可能 | 无 |
| 1 | 1 | 0 | 6 | 遇到转角 | 右轮顺时针转，左转 |
| 1 | 1 | 1 | 7 | 在此跑道上不可能 | 无 |

（4）编写循迹控制程序。根据循迹方案编写循迹控制程序。

本案例提供了基于2个灰度传感器的循迹控制程序，如图8.18所示。同时，也提供了能够实现同样功能的C语言程序，并提供了两种写法，程序如下：

程序方案1：if…else…语句写法

```
void setup ( )
```

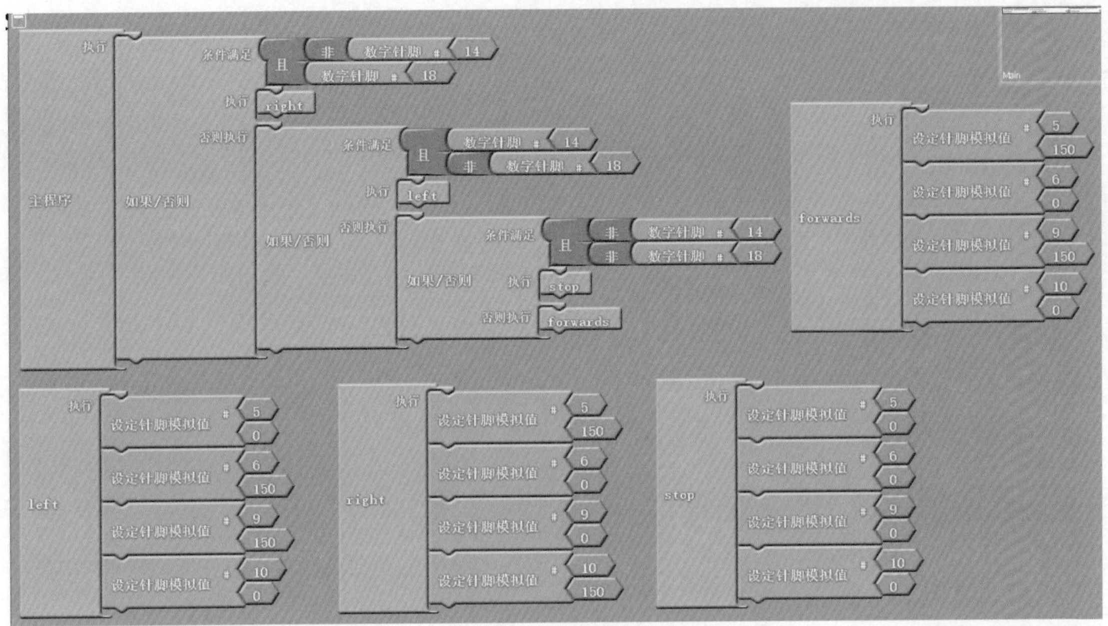


图8.18　基于2个灰度传感器的循迹控制程序

```
{
  //设置引脚类型
  pinMode（18,INPUT）;
  pinMode（14,INPUT）;
  pinMode（10,OUTPUT）;
  pinMode（6,OUTPUT）;
  pinMode（5,OUTPUT）;
  pinMode（9,OUTPUT）;
}
void stop（）                    //停止子程序
{
  analogWrite（5,0）;
  analogWrite（6,0）;
  analogWrite（9,0）;
  analogWrite（10,0）;
}
void forwards（）                //前进子程序
{
  analogWrite（5,255）;
  analogWrite（6,0）;
```

读者笔记

```
  analogWrite（9,255）;
  analogWrite（10,0）;
}
void left（）                //左转子程序
{
  analogWrite（5,0）;
  analogWrite（6,150）;
  analogWrite（9,150）;
  analogWrite（10,0）;
}
void right（）               //右转子程序
{
  analogWrite（5,150）;
  analogWrite（6,0）;
  analogWrite（9,0）;
  analogWrite（10,150）;
}

  //顺着车头方向看，将右侧传感器连接在A0引脚，左侧传感器连接在A4引脚
void loop（）
{
  if（（!（digitalRead（14））&& digitalRead（18）））
  //A0引脚传感器触发，A4引脚传感器未触发
  {
    right（）;
  }
  else
  {
    if（（digitalRead（14）&& !（digitalRead（18））））
  //A0引脚传感器未触发，A4引脚传感器触发
    {
      left（）;
    }
    else
```

```
    {
     if （（！（digitalRead（14））&&！（digitalRead（18））））
    //A0、A4引脚传感器均触发
     {
      stop2（）;
     }
     else
     {
      forwards（）;
     }
    }
  }
}
```

程序方案2：switch语句写法

```
 //假想循迹场地，有直线、左转弯、右转弯、十字路口
 //双轮小车，并排安装两个灰度传感器
int pin[2] = {A4, A0};
 //顺着车头方向看，从右至左定义，后面经过公式计算，会转化为从左至右的顺序
int s;
void setup（）
{
 pinMode（5，OUTPUT）;
 pinMode（6，OUTPUT）;
 pinMode（9，OUTPUT）;
 pinMode（10，OUTPUT）;
}
void Left（）
{
 digitalWrite（5，HIGH）;
 digitalWrite（6，LOW）;
 digitalWrite（9，LOW）;
 digitalWrite（10，LOW）;
}
```

```
void Right ( )
{
 digitalWrite ( 5 , LOW ) ;
 digitalWrite ( 6 , LOW ) ;
 digitalWrite ( 9 , HIGH ) ;
 digitalWrite ( 10 , LOW ) ;
}

void Forwards ( )
{
 digitalWrite ( 5 , HIGH ) ;
 digitalWrite ( 6 , LOW ) ;
 digitalWrite ( 9 , HIGH ) ;
 digitalWrite ( 10 , LOW ) ;
}

void loop ( )
{
 s = 0;
  for ( int i=0; i<2; i++ )
  {
   s |= ( !digitalRead ( pin[i] ) << i ) ;
 //通过“左移”运算和“或”运算，将传感器触发情况转化为二进制编码
  }
  switch （s）
  {
   case 0x00:          //两个均未触发
   Forwards ( ) ;
   break;
   case 0x01:          //右侧传感器触发，直线上摆动或遇到右转弯
   Right ( ) ;
   break;
   case 0x02:          //左侧传感器触发，直线上摆动或遇到左转弯
   Left ( ) ;
```

```
        break;
        case 0x03:              //两个都触发，遇到十字路口
        Forwards ( ) ;
        break;
        default:;break;
      }
    }
```

对比图形化程序和C语言程序可知，当程序趋于复杂时，图形化编程已经难以体现其简洁、直观的特点，反而会增加程序编写难度，在这种情况下，建议使用C语言直接编写程序。

（5）循迹功能实现。基于设计好的“循迹车”和循迹方案，编写控制程序并测试，使小车能够沿轨迹完成循迹任务。

（6）注意事项。

小车结构、场地情况、电机速度等因素，均会对循迹效果产生很大影响。在实验过程中，需注意以下事项：

①如果地面不平整，不要将万向轮装在前进方向上，容易与地面发生干涉。

②传感器与地面距离需保持在1 ~ 3 cm。

③在连接USB的状态下，可通过串口监视功能监测传感器是否可以正确触发，帮助确定正确的传感器安装位置以及场地。

④2个传感器安装时尽量靠近，传感器检测头的距离应和黑线宽度相当。比如两个“探索者”黑标传感器检测头的最近距离约为2.5 cm，如图8.19所示，如果黑线宽度小于2.5 cm，会造成小车偏离、校正幅度过大，造成转弯角度过大。如果使用2个以上传感器，则无此要求。

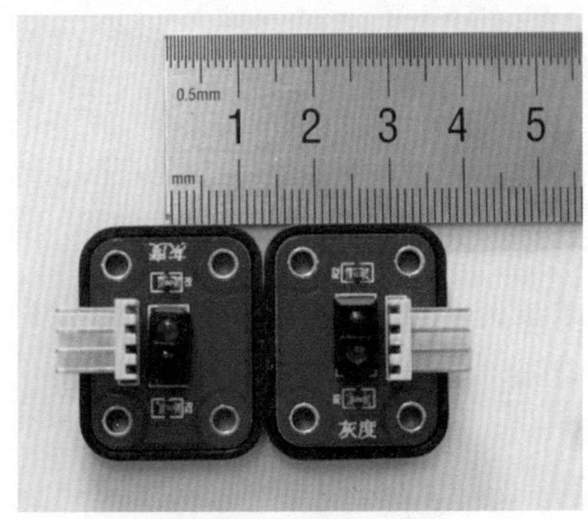


图8.19　2个灰度传感器位置

⑤可以通过支撑杆等结构来改变车轮距离，使得传感器与小车车轮的距离尽可能远，以防止小车转弯角度过大。

⑥小车的结构、传感器的安装位置、传感器的触发条件、场地状况，都会对小车循迹效果产生明显影响，实验中需把这些程序外的因素调试训练到位。

⑦升级循迹功能。使用定时器，使实验小车能够同时进行运动和循迹判断。本案例提供了定时器的用法说明和相应的控制程序。

Basra主控板有三个定时器，分别是Timer1，Timer2，Timer0。其中，Timer2的用法如下：

```
MsTimer2::set（unsigned long ms， void（*f）（））
//设定了一个溢出时间，每次溢出f子程序会被调用，无返回值
MsTimer2::start（）                //启动Timer2定时器
MsTimer2::stop（）                 //停止Timer2定时器
```

小车运动与循迹同步控制程序：

```
#include<MsTimer2.h>
//定时器库函数，如果出现相关错误提示，应检查libraries文件夹库函数是否缺失
int pin[3] = {A0, A4, A3};         //以车头前进方向为基准，从左至右对应
int velocity;                      //定义速率变量
int temp;                          //设置标志量
byte value;
byte value_his = 0;                //记录上一次的传感器值
void setup（）
{
 pinMode（ 5 , OUTPUT）;
 pinMode（ 6 , OUTPUT）;
 pinMode（ 9 , OUTPUT）;
 pinMode（ 10 , OUTPUT）;
 MsTimer2::set（50,flash）;       //每50 ms溢出一次，即每隔50 ms调用一次flash（）函数
 MsTimer2::start（）;             //启动Timer2定时器
}
void flash（）
{
 if（!（digitalRead（16）））      //A2口接近红外传感器
 {
  velocity=150;                    //为速率变量赋值
```

```
    temp=1;                  //如果近红外传感器触发，则将标志位设为1
  }
}
void Left ( )
{
  analogWrite ( 5 , velocity ) ;
  analogWrite ( 6 , 0 ) ;
  analogWrite ( 9 , 0 ) ;
  analogWrite ( 10 , 0 ) ;
}
void Right ( )
{
  analogWrite ( 5 , 0 ) ;
  analogWrite ( 6 , 0 ) ;
  analogWrite ( 9 , velocity ) ;
  analogWrite ( 10 , 0 ) ;
}
void Forwards ( )
{
  analogWrite ( 5 , velocity ) ;
  analogWrite ( 6 , 0 ) ;
  analogWrite ( 9 , velocity ) ;
  analogWrite ( 10 , 0 ) ;
}
void Stop ( )
{
  analogWrite ( 5 , 0 ) ;
  analogWrite ( 6 , 0 ) ;
  analogWrite ( 9 , 0 ) ;
  analogWrite ( 10 , 0 ) ;
}
void loop ( )
{
  while ( temp==1 )
```

读者笔记

```
{
 value = 0;
 for ( int i=0; i<3; i++ )
 {
  value |= (digitalRead ( pin[i] ) << i ) ;
 }
 if ( value == 0x07 )
 {                                        //当传感器都没有触发时默认为上一次的值
  value = value_his;
 }
 switch ( value )
 {
  case 0x00:                              //全部触发
  Forwards ( ) ;
  break;
  case 0x01:                              //触发右边两个
  while ( digitalRead ( pin[1] ) )
  {                                       //通过while 循环使小车回到跑道中间
   Right ( ) ;
  }
  break;
  case 0x03:                              //触发右边一个
  while ( digitalRead ( pin[1] ) )
  {
   Right ( ) ;
  }
  break;
  case 0x04:                              //触发左边两个
  while ( digitalRead ( pin[1] ) )
  {
   Left ( ) ;
  }
  break;
  case 0x05:                              //触发中间一个
```

```
        Forwards ( ) ;
        break;
        case 0x06:                      //触发左边一个
        while ( digitalRead ( pin[1] ) )
        {
         Left ( ) ;
        }
        break;
        default:
        Stop ( ) ;
      }
      value_his = value;
      if ( ! ( digitalRead ( 16 ) ) )
      {
        temp=0;
      }
    }
  velocity=0;
}
```

该程序实现功能：将小车置于白背景下的黑线轨迹上，红外传感器触发时，小车启动，且开始执行循迹任务；在小车循迹过程中，如果红外传感器再次触发，则小车停止运动。

### 8.4.4　实验拓展与思考

思考程序是如何使用定时器2实现上述功能的？可能使用定时器同时做三件事情吗？四件呢？该如何实现？

## 8.5 实验八　多自由度关节机器人设计与控制实验

### 8.5.1　实验任务

利用关节模块组装串联结构，分别组装出2自由度云台、5自由度蛇形机器人和6自由度双足机器人，并进行控制。

### 8.5.2 实验原理

一个舵机即为一个转动自由度，当一个舵机把两个关节摆件连接在一起时就构成了一个单自由度的关节单元，如图7.7所示；两个关节单元连在一起就构成了一个2自由度的机械臂。如此类推，将$n$个关节单元连接起来就构成了一个$n$自由度的机械臂（机器人）。根据舵机之间转动轴线空间夹角的不同（如平行或垂直），再配合各舵机不同的转角和转速，就可以实现所需的功能。

### 8.5.3 实验案例

本实验提供了2自由度、5自由度和6自由度关节机器人的设计、搭建和控制案例。

**1. 案例1　2自由度云台的设计和转向控制实验**

（1）2自由度云台设计。思考并设计一个2自由度的云台，其基本结构可参考图8.20完成，该结构包含2个舵机、3个关节单元以及一个4支点的底座。

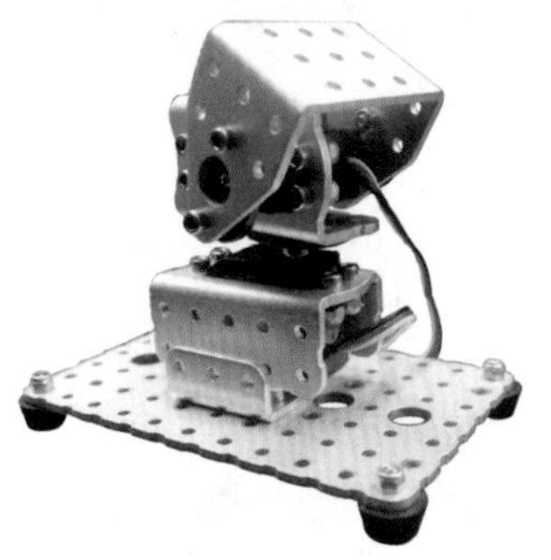

图8.20　2自由度云台

（2）云台转向控制设计。利用图形化编程工具Ardu Block编写如图8.21所示控制程序，该程序在实验二案例2中图7.9程序的基础上进行了改写，将单一的执行语句替代为for循环语句，使舵机能够在不同的角度位置均有所停留，以满足云台功能需求。

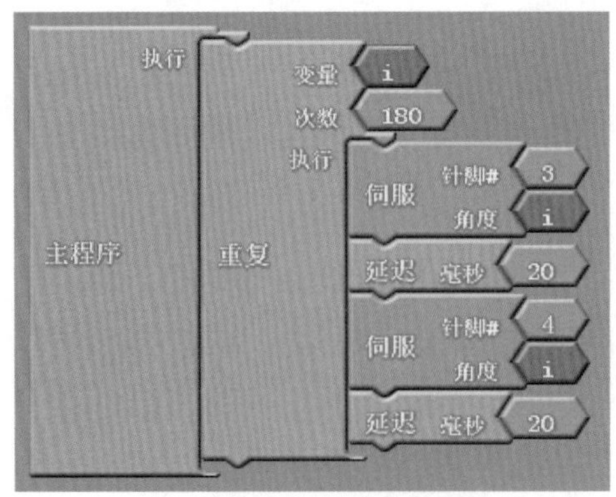


图8.21　云台控制程序

（3）云台转向控制测试。烧录程序，观察云台运动的角度方位和快慢。

（4）云台归位控制测试。参考图8.22所示控制程序进行编制，观察云台归位的角度方位和快慢。

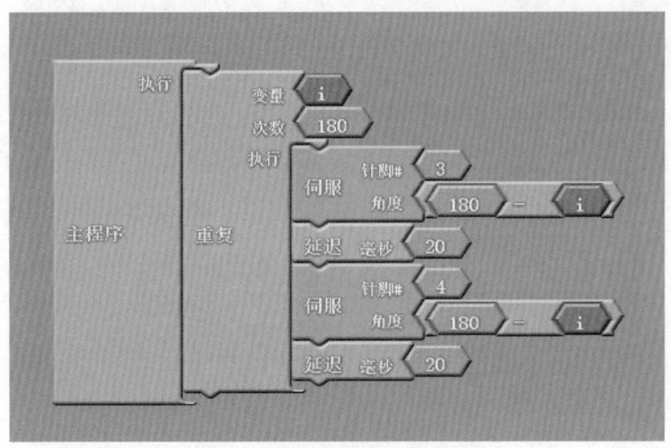


**图8.22　云台归位控制程序**

（5）云台扫描范围调整。云台的扫描范围与舵机的最大转角有关，改进云台机构，使扫描范围更大。

**2. 案例2　5自由度蛇形机器人的设计与控制实验**

（1）5自由度蛇形机器人设计。参考图8.23，利用5个关节单元（舵机和关节摆件的组件）搭建一个5自由度蛇形机器人。

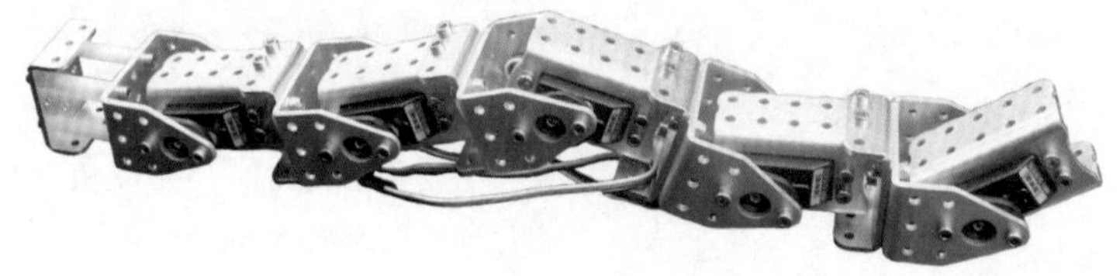

**图8.23　蛇形机器人**

（2）蛇形机器人单一关节的运动控制。通过对单个舵机的动作进行控制，搭建程序框架，进而通过改变参数，决定舵机的运动次序及方式。首先以0号舵机为例，运动控制程序如下：

```
#include <Servo.h>                    //舵机函数库
#include <MsTimer2.h>                 //定时器函数库
#define DELTATIME 10                  //定义中断时间
int servoPort[5]={8, 3, 11, 7, 4};    //蛇节的舵机连接顺序及接口号，从尾巴开始
Servo myServo[5];                     //定义舵机数组对应5个舵机的输入值
long timeCount;                       //定义用于中断时间计数的变量
```

```
void setup ( )
{
 Serial.begin ( 9600 ) ;                                //设置波特率为9 600
 for ( int i = 0; i < 5; i++ )                          //使用for循环设定5个舵机的接口
  myServo[i].attach ( servoPort[i] ) ;
 MsTimer2::set ( DELTATIME, Timer ( ) ) ;               //设定中断的时间与要执行的函数
 MsTimer2::start ( ) ;                                  //启动定时器的中断
 delay ( 100 ) ;                                        //延时100 ms
}
void Timer ( )                                          //定时器中断函数
{
 timeCount++                                            //时间函数自增
}
void ServoMove ( int which, int start, int finish, long t ) //舵机控制函数
{
 static int a;                                          //定义用于判断方向的变量
 static long count = 0;                                 //定义存储中断时间自增的变量
 static int i = 0;                                      //定义舵机角度值的变化变量
 static boolean begin = true;                           //定义开始标志
 if ( begin )                                           //判断开始标志
 {
  if ( ( start - finish ) > 0 )                         //通过角度的大小来判断运动方向
   a = -1;                                              //存储负值，使舵机从120° 变换到60°
  else
   a = 1;                                               //存储正值，使舵机从60° 变换到120°
  count = timeCount;                                    //存储中断函数执行的自增时间
  begin = false;                                        //将开始标志反向
 }
 else
 {
  if ( ( timeCount - count ) < ( t/DELTATIME ) )
  {
   if ( ( timeCount - count ) > ( i * ( t/DELTATIME ) / ( abs ( start-finish ) ) ) )
   //通过对中断运行时间的判断，控制蛇节以固定时间进行翻转
```

```
      {
        myServo[which].write ( start + i * a ) ;              //舵机输出相应的start角度
        delay ( 1 ) ;                                          //延时1 ms
        i++;                                                   //舵机角度增加变量进行自增
        Serial.println ( start + i * a ) ;                     //串口输出角度值
      }
    }
    else
    {
      i = 0;                                                   //角度变化变量清零
      begin = true;                                            //开始标志再次反向设定为真
      count = 0;                                               //中断时间存储变量清零
    }
  }
}
void loop ( )
{
 ServoMove ( 0, 60, 120, 2000 ) ;                  //使0号舵机在2 000 ms内从60° 转到120°
}
```

（3）关节运动控制参数调试。程序烧录完成后，打开Serial Monitor，输入“舵机编号”“开始角度”“结束角度”“延迟时间”对应的数值，观察各个舵机的动作，调试控制参数。

（4）蛇形机器人整体爬行动作控制。编写蛇形机器人各个关节协调动作的控制程序，预置相邻关节的运动相位差为180°。爬行控制程序如下：

```
#include <Servo.h>                        //舵机函数库
#include <MsTimer2.h>                     //定时器函数库
#define DELTATIME 10                      //定义中断时间
int servoPort[5]={8, 3, 11, 7, 4};        //蛇节的舵机连接顺序及接口号，从尾巴开始
Servo mySservo[5];                        //定义舵机数组对应5个舵机的输入值
long servoCount[5];                       //定义存储中断时间自增的数组
boolean begin[5] = {true,true,true,true,true};      //定义开始标志控制5个舵机变化的开始
boolean complete[5] = {false,false,false,false,false}; //定义蛇节运动控制的标志数组
int direct[5] = {1,1,1,1,1};              //定义用于判断舵机转动方向的数组
int delta[5] = {0,0,0,0,0};               //定义舵机角度值变化的数组
```

```
long timeCount;                       //定义用于中断时间计数的变量
int up = 30;                          //定义存储关节起始角度的变量
int down = 120;                       //定义存储关节终止角度的变量
int turnTime = 1000;                  //定义存储关节运动时间的变量
String inputString = "";              //定义用于保存输入数据的字符串
boolean stringComplete = false;       //定义用于判断字符串是否完整的变量

void setup（）
{
 Serial.begin（9600）;                //设置波特率为9 600
 for（int i = 0; i < 5; i++）         //使用for循环设定5个舵机的接口
  myServo[i].attach（servoPort[i]）;
 MsTimer2::set（DELTATIME, Timer（））; //设定中断的时间与要执行的函数
 MsTimer2::start（）;                 //启动定时器的中断
 delay（100）;                        //延时100 ms
}
void Timer（）                         //定时器中断函数
{
 timeCount++;                         //时间函数自增
}
void loop（）{
 static int phase[5] = {0,0,0,0,0};
 //定义蛇节5个舵机的判断标志，用于串口设定蛇节的运动角度
 if（stringComplete）
 {
  Serial.println（inputString）;       //串口打印保存的数据的字符串
  up = inputString.substring（0,inputString.indexOf（','））.toInt（）;
   //提取串口接收到的第一个角度值赋值给up
  inputString = inputString.substring（inputString.indexOf（','）+1,inputString.length（））;
   //将剩余的角度值保存在inputString字符串中，组成新的字符串
  down = inputString.substring（0,inputString.indexOf（','））.toInt（）;
   //提取新字符串中的第一个角度值赋值给down
   turnTime = inputString.substring（inputString.indexOf（','）+1,inputString.length（））.
toInt（）;
```

```
                                    //提取剩余值作为关节运动的时间
  Serial.println ( up ) ;           //串口输出up变量的角度值
  Serial.println ( down ) ;         //串口输出down变量的角度值
  Serial.println ( turnTime ) ;     //串口输出关节运动的时间值
  inputString = "";                 //清空保存数据的字符串
  stringComplete = false;           //将判断字符串是否完整的变量设置为假
 }
 //蛇节的运动步态
 if ( phase[0] == 0 )               //蛇节0号舵机标志判断
  if ( ServoMove ( 0,up,down,turnTime ) )
    //判断0号舵机在turnTime时间内从up角度
    //转到down角度且complete变量为真时执行
   phase[0] = 1;                    //标志位赋值变化
 if ( phase[0] == 1 )
  if ( ServoMove ( 0,down,up,turnTime ) )
    //判断0号舵机在turnTime时间内从down角度
    //转到up角度且complete变量为真时执行
   phase[0] = 0;
 if ( servoCount[0]>0 && ( timeCount - servoCount[0] ) > ( turnTime/ ( 4*DELTATIME ) ) )
    //通过对中断运行时间的判断，控制蛇节以固定时间进行翻转
 {
  if ( phase[1] == 0 )              //蛇节1号舵机标志判断
   if ( ServoMove ( 1,up,down,turnTime ) )
    //判断1号舵机在turnTime时间内从up角度
    //转到down角度且complete变量为真时执行
    phase[1] = 1;
  if ( phase[1] == 1 )
   if ( ServoMove ( 1,down,up,turnTime ) )
    //判断1号舵机在turnTime时间内从down角度
    //转到up角度且complete变量为真时执行
    phase[1] = 0;
 }
 if ( servoCount[1]>0 && ( timeCount - servoCount[1] ) > ( turnTime/ ( 4*DELTATIME ) ) )
 {
```

```
  if ( phase[2] == 0 )
   if ( ServoMove ( 2,up,down,turnTime ) )
     //判断2号舵机在turnTime时间内从up角度
     //转到down角度且complete变量为真执行
     phase[2] = 1;
  if ( phase[2] == 1 )
   if ( ServoMove ( 2,down,up,turnTime ) )
     //判断2号舵机在turnTime时间内从down角度
     //转到up角度且complete变量为真执行
    phase[2] = 0;
}
if ( servoCount[2]>0 && ( timeCount - servoCount[2] ) > ( turnTime/ ( 4*DELTATIME ) ) )
{
  if ( phase[3] == 0 )
   if ( ServoMove ( 3,up,down,turnTime ) )
     //判断3号舵机在turnTime时间内从up角度
     //转到down角度且complete变量为真时执行
     phase[3] = 1;
  if ( phase[3] == 1 )
   if ( ServoMove ( 3,down,up,turnTime ) )
     //判断3号舵机在turnTime时间内从down角度
     //转到up角度且complete变量为真时执行
   phase[3] = 0;
}
if ( servoCount[3]>0 && ( timeCount - servoCount[3] ) > ( turnTime/ ( 4*DELTATIME ) ) )
{
  if ( phase[4] == 0 )
   if ( ServoMove ( 4,up,down,turnTime ) )
     //判断4号舵机在turnTime时间内从up角度
     //转到down角度且complete变量为真执行
     phase[4] = 1;
  if ( phase[4] == 1 )
   if ( ServoMove ( 4,down,up,turnTime ) )
     //判断4号舵机在turnTime时间内从down角度
```

```
      //转到up角度且complete变量为真执行
      phase[4] = 0;
   }
 }
 void serialEvent（）{                         //串口中断函数
  while （Serial.available（））{              //判断串口的缓冲区有无数据
   char inChar = （char）Serial.read（）;       //读取串口的数据存储在inChar变量中
   inputString += inChar;                      //串口读取的数据存储在字符串中
   if （inChar == '\n'）                        //判断是否读取到最后一位
    stringComplete = true;                     //将字符串判断变量设置为真
  }
 }

 boolean ServoMove（int which, int start, int finish, long t） //舵机控制函数
 {
  if（begin[which]）{                    //判断开始标志
   if（（start - finish）> 0）           //通过角度的大小来判断运动方向
    direct[which] = -1;                  //存储负值，使舵机从finish角度变换到start角度
   else
    direct[which] = 1;                   //存储正值，使舵机从start角度变换到finish角度
   servoCount[which] = timeCount;        //存储中断函数执行的自增时间
   begin[which] = false;                 //将开始标志反向
   complete[which] = false;              //将蛇节运动的控制标志设为假
  }
  else{
   if（（timeCount - servoCount[which]）<（t/DELTATIME））{
     if（（timeCount - servoCount[which]）>（delta[which] *（t/DELTATIME）/（abs
（start-finish）））)
     //通过对中断运行时间的判断，控制蛇节以固定时间进行翻转
     {
      myServo[which].write（ start + delta[which] * direct[which]）;
      //舵机输出相应的start角度
      delay（1）;              //延时1ms
      delta[which]++;          //舵机角度增加变量进行自增
```

```
      }
    }
    else{
      delta[which] = 0;            //角度变化变量清零
      begin[which] = true;         //开始标志再次反向设定为真
      servoCount[which] = 0;       //中断时间存储变量清零
      complete[which] = true;      //将蛇节运动的控制标志设为真
    }
  }
  return （complete[which]）；//返回蛇节控制运动的标志的值
}
```

（5）蛇形机器人爬行动作调试。程序烧录完成后，打开Serial Monitor，输入“开始角度”“结束角度”“延迟时间”对应的数值，如图8.24所示，输入“50，100，2 000”，可直接改变蛇形机器人运动的控制参数，并实时观察运动的变化。

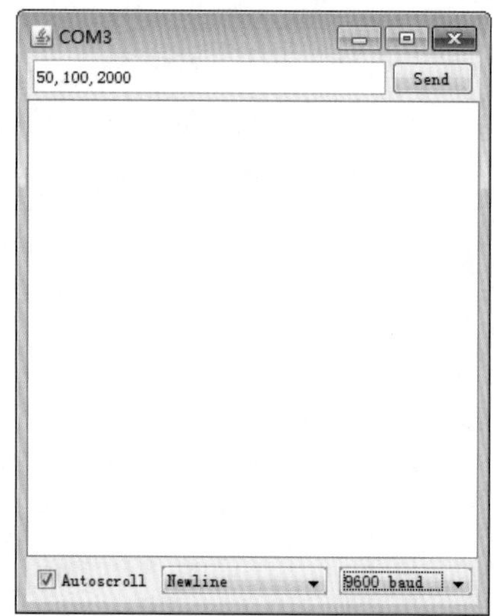


图8.24　在Serial Monitor中输入参数值

（6）蛇形机器人运动协调性调试。根据机械运动分析，各个关节的运动相位差为90°时运动协调性最好。上述程序中，机器人相邻关节的运动相位差为180°，故需要继续调试。反复调整5个关节的相位关系，烧录程序，并打开Serial Monitor，输入“开始角度”“结束角度”“延迟时间”对应的数值，实时观察机器人的运动姿态，直至比较理想的效果。

（7）优化结构。自由设计，对结构进行改进，实现更好的爬行。

**3. 案例3　6自由度双足机器人的设计与控制实验**

（1）6自由度双足机器人设计。参考图8.25，利用6个舵机和若干关节单元，以及过渡

件和连接件等，搭建一个6自由度双足步行机器人。每条腿上各3个自由度，分别代表3个关节，即髋关节、膝关节、踝关节。

结构特点：由于生物关节类似于球铰（三个转动的铰链），因此用这种结构来复现生物关节运动还缺少很多方向上的自由度，造成运动时重心无法协调，所以脚部采用了工形脚，以支撑重心。

控制要求：能比较轻松地完成前进、后退动作，腿需要抬得高一些，以避免工形脚相互干涉。

图8.25　6自由度双足机器人

（2）主控板和上位机（电脑）通信准备。装好主控板和电池，连好电路，然后将双足机器人用数据线连接至电脑，并打开Processing工具准备调试，调试目标为使机器人保持直立状态，并且保持右脚的支撑臂在前。首先将下位机程序BigFish.ino直接下载到主控板，其作用是为Processing提供上位机与主控板之间的通信，并允许上位机直接调试舵机的转角。BigFish.ino程序如下：

```
#include <Servo.h>                    //舵机函数库
int data[6];                          //定义用于存储舵机角度的整型数组
Servo myServo[6];                     //定义Servo类型数组
int servo_port[6]={4, 7, 11, 3, 8, 12};
 //定义行走机器人6个舵机的引脚，要与舵机的连线相对应
boolean stringComplete = false;       //字符串是否传输完成标志
void setup（）
{
 Serial.begin（9600）;                //设置串口通信波特率
}
```

```
void serialEvent（）                    //滑块位置读取子程序
{
 static int i=0;
 while （Serial.available（））          //判断舵机参数是否已发送到串口
 {
  unsigned char inChar = （unsigned char）Serial.read（）;
  //从串口读取字符，即为滑块的位置
  if （inChar == '\n'）                 //判断屏幕字符是否为回车换行
  {
   stringComplete = true;               //将字符串传输完成变量设置为真
   i=0;
  }
  else
  {
   data[i]=（int）inChar;
    //将字符型转换为整型，同时写入数组供ServoGo函数使用
   i++;
  }
 }
}
void ServoStart（int which）            //舵机启动子程序
{
 if（!myServo[which].attached（））//判断角度是否已发送到舵机所在接口
 {
  pinMode（servo_port[which], OUTPUT）; //设置舵机接口为输出模式
  myServo[which].attach（servo_port[which]）; //设定相应的舵机接口
 }
}
void ServoStop（int which）             //舵机停止子程序
{
 myServo[which].detach（）;                       //使舵机与接口分离
 digitalWrite（servo_port[which], LOW）;     //向调试舵机接口输出低电平
}
void ServoGo（int which , int where）              //从滑块位置读取角度输出到舵机
```

```
{
  if ( where!=200 )
  {
   if ( where==201 ) ServoStop ( which );     //若从屏幕滑块读数超过200，则停止调试
   else
   {
    ServoStart ( which );                     //若从屏幕滑块读数小于200，则开始调试
    myServo[which].write ( where );           //向调试接口输出滑块所处位置（角度）
   }
  }
}
void loop ( )
{
  if ( stringComplete )                       //字符是否传输完毕
   for ( int i=0; i<6; i++ ) ServoGo ( i, data[i] ); //给6个舵机输出从屏幕获取的角度值
}
```

（3）舵机初始角度可视化调试。保持数据连接状态，打开Processing上位机程序servo_slider.pde，并单击“RUN”按钮，如图8.26所示。然后上位机会弹出一个可视化界面“servo_slider”，如图8.27所示。

图8.26　Processing 代码界面

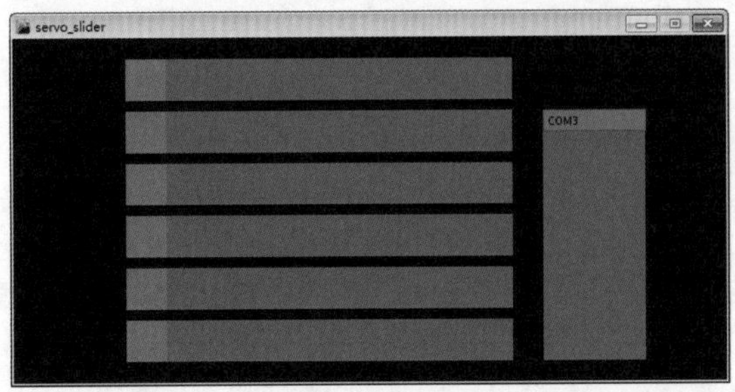


图8.27　上位机界面“servo_slider”

单击右侧的“COM*X*”条形按钮开始调试，先把舵机参数值调整到90左右，如图8.28所示。

**注意：** 调试过程中不能直接打开主控板开关和电源，因为上位机程序中默认舵机调整参数值为0，如果直接打开会造成舵机堵转并可能烧毁舵机。

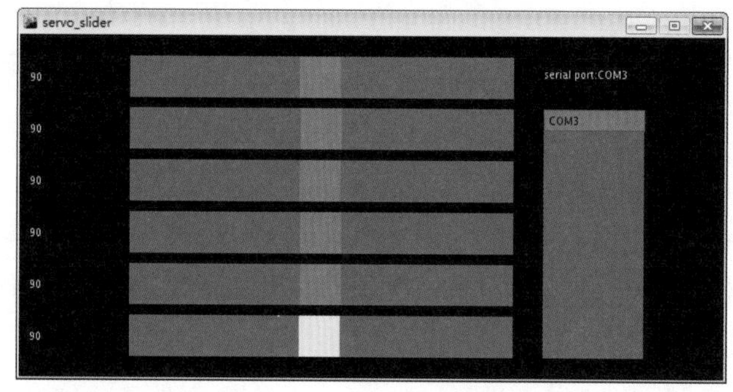

图8.28 servo_slider中舵机角度参数调整过程

确认舵机参数值调整到90左右后，将主控板和电池连接，打开电源。继续在可视化界面调整舵机的角度，通过各个舵机的配合把机器人的姿态调到适合的目标位置。其中，最上面两个舵机连接的关节模块应垂直于舵机安装平面，下面的舵机可以先与最上面的舵机在一条垂直线上，然后进行微调到达指定位置。

初始姿态调试完成之后，记下此时各个舵机的角度值。舵机与主控板的对应顺序如图8.29和图8.30所示，以机器人最上面的两个舵机支架圆弧所指方向为前，面向我们时，左边自上而下依次连接主控板的D4、D7、D11号组合接口，记为0、1、2；右边由上而下依次连接主控板的D3、D8、D12组合接口，记为3、4、5，以方便后面写算法时使用。

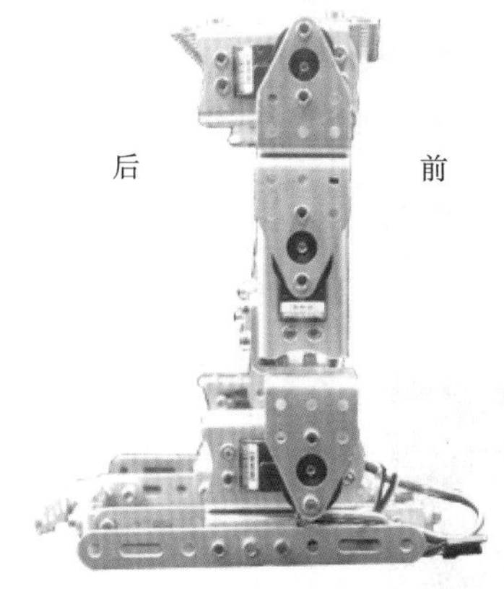

图8.29 双足机器人的前后区分

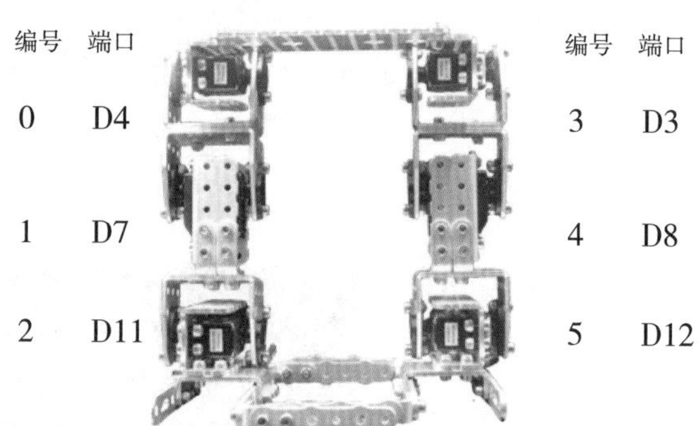

图8.30 舵机所对应的接线端口和编号

（4）编写机器人行走程序。6个舵机对应的接口和初始状态的角度值，在程序编写开始阶段就要进行定义，舵机在机器人行走过程中的任何转角都是相对初始值来确定的。例如，舵机的初始值按编号顺序分别为90、44、46、82、115、100，则在程序中赋予舵机初始值数组为：float servo_value[6] = {90, 44, 46, 82, 115, 100}。

行走程序的代码如下：

```
#include <Servo.h>                                    //舵机函数库
Servo myServo[6];                                     //定义Servo类型数组
int servo_port[6]={4, 7, 11, 3, 8, 12}; //定义6个舵机的引脚，要与舵机的连线相对应
float servo_value[6] = {65, 60, 105, 60, 100, 80};
 //定义浮点类型、存储舵机转角的数组，并赋数组舵机的初始角度值
void setup（）
{
 for（int i=0; i<6; i++）
 {
  ServoGo（i;（int）servo_value[i]）;                //设置机器人的初始位置
 }
 delay（2000）;
}
void SercoStart（int which）                           //舵机启动子程序
{
 if（!myServo[which].attached（））                    //判断角度是否已发送到舵机所在接口
  myServo[which].attach（servo_port[which]）;          //设定相应的舵机接口
 pinMode（servo_port[which], OUTPUT）;                 //设置舵机接口为输出模式
}
void ServoStop（int which）                            //舵机停止子程序
{
 mySservo[which].detach（）;                           //使舵机与接口分离
 digitalWrite（servo_port[which], LOW）;               //向舵机接口输出低电平
}
void ServoGo（int which , int where）                  //舵机驱动子程序
{
 if（where!=200）
 {
  if（where==201）ServoStop（which）;                  //角度值超过200°，舵机停止
  else
  {
   ServoStart（which）;                                //角度值小于200°，舵机启动
   myServo[which].write（where）;                      //向舵机接口输出角度值
```

```
    }
  }
}

void left_go ( )                          //左腿抬起、迈步子程序
{
  for ( int i=0; i<10; i++ )              //左腿抬起准备动作，分10次完成
  {
    servo_value[4] -= 10;                 //左脚“踝关节”和“膝关节”先弯曲
    servo_value[5] -= 6;                  //为抬起动作做准备，与舵机转动方向适应
    for ( int j=0; j<6; j++ )
    {
      ServoGo ( j, ( int ) servo_value[j] ) ;   //向各个舵机（关节）输出角度值
    }
    delay ( 25 ) ;
  }
  for ( int i=0; i<10; i++ )              //左腿迈步动作，分10次完成
  {
    servo_value[0] += 2.5;                //右腿“髋关节”向后摆，配合左腿迈步
    servo_value[2] -= 1;                  //右腿“踝关节”向内弯曲
    servo_value[3] += 2.5;                //左腿“髋关节”慢慢向前迈开
    servo_value[4] += 10;                 //左腿“膝关节”伸直
    servo_value[5] += 4.5;                //左腿“踝关节”部分回复
    for ( int j=0; j<6; j++ )
    {
      ServoGo ( j, ( int ) servo_value[j] ) ;   //向各个舵机（关节）输出角度值
    }
    delay ( 25 ) ;
  }
}
void right_go ( )                         //右腿抬起、迈步子程序
{
  for ( int i=0; i<10; i++ )              //右腿抬起准备动作，分10次完成
  {
```

```
    servo_value[1] += 10;                    //右腿“膝关节”弯曲
    servo_value[2] += 7.5;                   //右腿“踝关节”弯曲
    servo_value[5] += 0.5;                   //左腿“踝关节”继续回复
    for（int j=0; j<6; j++）
    {
     ServoGo（j,（int）servo_value[j]）;     //向各个舵机（关节）输出角度值
    }
    delay（25）;
   }
  for（int i=0; i<10; i++）                  //右腿迈步动作，分10次完成
  {
    servo_value[0] -= 2.5;                   //右腿“髋关节”慢慢向前迈开
    servo_value[1] -= 10;                    //右腿“膝关节”伸直
    servo_value[2] -= 6.5;                   //右腿“踝关节”部分回复
    servo_value[3] -= 2.5;                   //左腿“髋关节”回复
    servo_value[5] += 1;                     //左腿“踝关节”回复
    for（int j=0; j<6; j++）
    {
     ServoGo（j,（int）servo_value[j]）;     //向各个舵机（关节）输出角度值
    }
    delay（25）;
   }
 }
 void loop（）
 {
  left_go（）;
  right_go（）;
 }
```

（5）行走程序调试。为了减少重力干扰，一般先将机器人调整成直立状态确立初始值。而在实际控制中需使机器人进入行走姿态，一种解决办法是调整编号为0和3的舵机的角度值，在初始值的基础上减去10，程序修改完成后便可以直接将程序下载到主控板。

烧录程序并运行，此时机器人便开始正常行走动作。由于舵机的内部结构存在差异，故相应的角度输出可能会存在误差，机器人的支撑臂可能会出现“打架”现象，其解决方法是修改程序中对应的参数调节系数，例如：servo_value[4] -= 10，可以修改参数“10”的大

小，但需要注意的是，在程序的整个循环过程中必须是特定的位置对应特定的值，修改了某个位置对应的参数调节系数，则其他位置的输出系数也需要同步更新，以实现机器人的迈步行走控制。

### 8.5.4 实验拓展与思考

（1）设计一个3自由度的云台，让3个舵机分别沿$X$轴、$Y$轴、$Z$轴旋转，研究云台空间位置的变化。

（2）设计一个四足8自由度的爬行机器人，构思行进方式，研究控制策略。

## 8.6 实验九 颜色识别机器人设计与运动控制

### 8.6.1 实验任务

设计并搭建实验小车，使小车能够完成以下任务：从场地边缘（左侧或右侧）出发，自主识别场地灰度值，根据地图灰度变化移动到中间黑色区域并停止，如图8.31所示。

图8.31 实验小车任务示意图

设计并搭建多自由度机械臂，使机械臂能够在平台上搜寻物料并探测物料的颜色，根据物料的颜色将其抓取并放置到相应的分类装置中，如图8.32所示。

### 8.6.2 实验原理

对灰度的识别一般使用灰度传感器，对不同色彩的识别一般使用颜色传感器。不管是灰度传感器还是颜色传感器，其基本原理均是不同颜色的物体对于不同颜色的光吸收效果不同，反射效果也不同，传感器采集不同光强信号并将其转换为机器人可以识别的信号。比如红色物体，对于红色光反射最强，吸收较少，相应地对其他颜色的光则吸收更多一些，传感器即可根据这一特性进行红色色彩的判断。

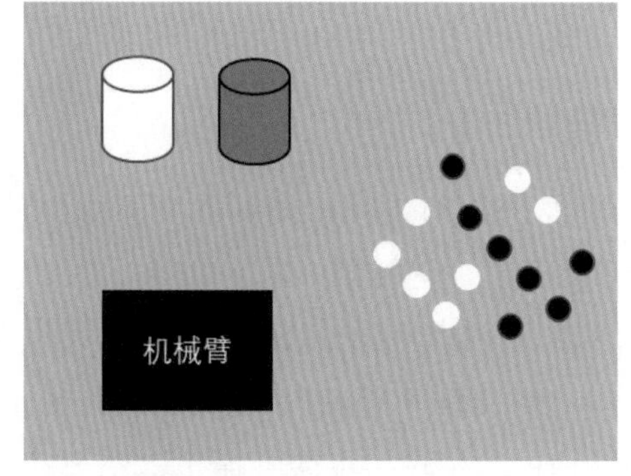


图8.32 机械臂任务示意图

机械臂是一种能够进行编程并在自动控制下执行某些操作的执行机构，它是一个十分复杂的多输入、多输出非线性系统，具有时变、强耦合和非线性的动力学特征。其基本控制原理和实验八中多自由度关节机器人的控制原理相同，即根据舵机之间转动轴线空间夹角的不同（如平行或垂直），再配合各舵机不同的转角和转速，控制机器臂姿态，完成目标任务。

### 8.6.3　实验案例

本实验提供了基于灰度识别的实验小车行进控制和基于颜色识别的机械臂物料分拣控制两个案例。

**1. 案例1　基于灰度识别的实验小车行进控制实验**

（1）实验小车设计。思考并设计一款具备基本运动功能的实验小车，其基本结构、搭建方式以及基础控制可参考实验四完成。

（2）灰度识别方案设计。设计控制方案，使小车从图8.33所示左侧或右侧边缘行进到中间的黑色区域并停下。

图8.33　灰阶场地

场地说明：场地自中心向两侧灰度递减，长4 m，宽1 m，使用黑色胶圈（宽度1 cm）标记场地边缘。

对于灰度连续变化的地图，通常使用2个灰度传感器，通过计算2个灰度传感器返回值的差值，控制小车向灰度值递增或递减的方向移动。使用2个以上灰度传感器，使控制更加精确，小车可以更加快速地移动到目标区域，但是控制程序也会更加复杂。本实验提供的程序以2个传感器平行排布在小车前端为例，如图8.34所示。

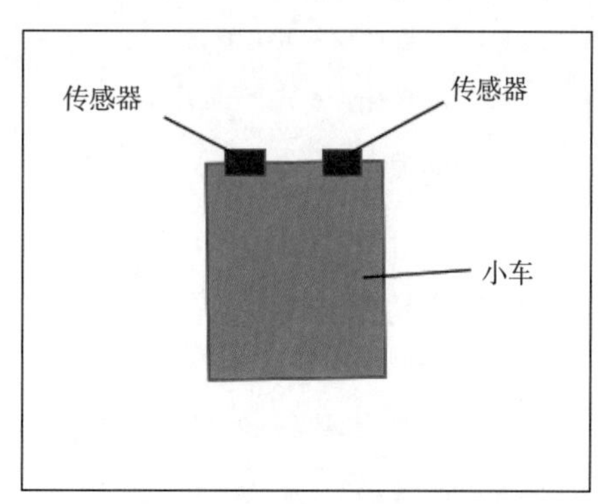


图8.34　灰度传感器布置方案示意图

（3）灰度传感器测试。测试实验用灰度传感器的返回值与场地（图8.33）灰度的对应关系，并进行记录。

**注意：** 灰度传感器的返回值受测量距离的影响显著，建议在安装完成后进行测试。

（4）基于灰度的小车运动控制测试。参考下述程序编写控制程序并测试，使小车能够从边缘出发，移动到场地中央并停下。

读者笔记

基于2灰度传感器的小车运动控制程序：

```
#define shar A0                //用shar代表A0
#define zara A4                //用zara代表A4
#define speed1 200
#define speed2 150
#define zero 0                 //用zero代表0
void setup（）{
pinMode（shar,INPUT）;
pinMode（zara,INPUT）;       //设置输入引脚
Serial.begin（9600）;
}
void March（）               //前进函数
{
 analogWrite（5,speed1）;
 analogWrite（6,zero）;
 analogWrite（9,speed1）;
 analogWrite（10,zero）;
}
void Fallback（）            //后退函数
{
 analogWrite（6,speed1）;
 analogWrite（5,zero）;
 analogWrite（10,speed1）;
 analogWrite（9,zero）;
}
void Left（）                //左转函数
{
 analogWrite（5,speed2）;
 analogWrite（6,zero）;
 analogWrite（10,zero）;
 analogWrite（9,zero）;
}
void Right（）               //右转函数
{
```

```
  analogWrite（6,zero）;
  analogWrite（5,zero）;
  analogWrite（9,speed2）;
  analogWrite（10,zero）;
}
void Attention（）                         //停车函数
{
  analogWrite（6,zero）;
  analogWrite（5,zero）;
  analogWrite（9,zero）;
  analogWrite（10,zero）;
}
void loop（）
{
  int a= analogRead（shar）;              //将shar引脚检测到的模拟值赋值给a
  int b= analogRead（zara）;              //将zara引脚检测到的模拟值赋值给b
  int c= map（a,0,1000,0,10）;            //将a的取值范围0～1 000映射到0～10赋值给c
  int d= map（b,0,1000,0,10）;            //将b的取值范围0～1 000映射到0～10赋值给d
  if（c>d）
   March（）;
  else
  {
   if（c<d）
    Fallback（）;
   else
    Attention（）;
  }
}
```

**2. 案例2 基于颜色识别的机械臂物料分拣控制实验**

（1）机械臂设计。思考并设计一款多自由度机械臂，机械臂应具备基本的抓取和旋转功能，其基本结构可参考图8.35完成。

（2）灰度识别方案设计。根据图8.32所示的任务示意图，设计灰度传感器检测和机械臂执行方案，确定灰度传感器的使用数量和安装位置，对传感器进行安装固定，并制作传感器返回值与机械臂控制指令对照表。

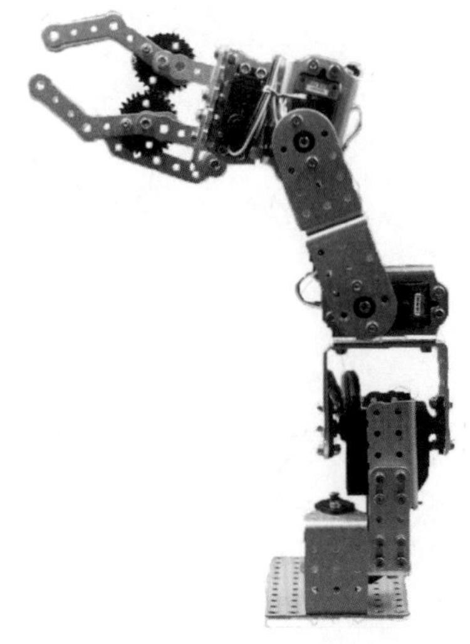

图8.35　5自由度机械臂

**注意：** 实验任务中物料只有黑、白两种颜色，灰度传感器作为数字量使用即可。

（3）物料分拣功能实现。参考下述程序编写控制程序并测试，使机械臂能够识别物料、抓取物料并将物料放到指定位置。

基于5自由度机械臂的黑白物料分拣程序：

```
#include <Servo.h>                    //舵机函数库
#define shar A0                       //定义灰度传感器的引脚
#define SERVO_SPEED 50                //定义舵机转动快慢的时间
#define ACTION_DELAY 0                //定义所有舵机每个状态时间间隔
Servo myServo[6];                     //定义舵机数组
int f = 30;
 //定义舵机每个状态转动的次数，以此来确定每个舵机每次转动的角度
int servo_port[5] = {3,4,7,8,11};     //定义舵机引脚
int servo_num = sizeof（servo_port）/ sizeof（servo_port[0]）; //定义舵机数量
float value_init[5] = {1455,1568,1721,1837,1432};          //定义舵机初始角度
void setup（）
{
 delay（1000）;
 Serial.begin（9600）;                //设置串口通信波特率
 pinMode（shar,INPUT）;               //设置传感器引脚模式
 for（int i=0;i<servo_num;i++）        //机械臂初始动作设置
 {
```

```
    ServoGo（i,value_init[i]）;
  }
  delay（2000）;
}
void loop（）
{
  int receive_sensor_data = analogRead（shar）;          //读取传感器的值
  Serial.println（receive_sensor_data）;                 //串口打印传感器的值
  delay（10）;
  if（（receive_sensor_data>100）&&（receive_sensor_data<400））
                                             //判断检测到的物料为白色
  {
    Arm_Left（）;                              //机械臂抓取物料后左转分拣
  }
  else if（（receive_sensor_data>0）&&（receive_sensor_data<100））
                                             //判断检测到的物料为黑色
  {
    Arm_Right（）;                             //机械臂抓取物料后右转分拣
  }
  else
  {
    delay（10）;
  }
}
void Arm_Right（）
{
  servo_move（1455,2222,1925,1100,1664）;delay（2000）;  //机械臂下落动作
  servo_move（1455,2222,1925,1100,1011）;delay（1000）;  //物料抓取
  servo_move（1455,1568,1721,1837,1011）;delay（2000）;  //机械臂抬起
  servo_move（2196,2100,1925,1272,1011）;delay（1000）;  //机械臂右转下落
  servo_move（2196,2100,1925,1272,1664）;delay（2000）;  //物料放置
  servo_move（1455,1568,1721,1837,1432）;delay（2000）;  //机械臂初始动作
}
void Arm_Left（）
```

```
{
  servo_move（1455,2222,1925,1100,1664）;delay（2000）;  //机械臂下落动作
  servo_move（1455,2222,1925,1100,1011）;delay（1000）;  //物料抓取
  servo_move（803,2100,1925,1272,1011）;delay（1000）;   //机械臂左转
  servo_move（803,2100,1925,1272,1664）;delay（2000）;   //物料放置
  servo_move（1455,1568,1721,1837,1432）;delay（2000）;  //机械臂初始动作
}
void ServoStart（int which）                          //舵机启动函数
{
  if（!myServo[which].attached（））               //判断舵机参数是否已发送到舵机所在接口
   myServo[which].attach（servo_port[which]）;        //设定相应的舵机接口
  pinMode（servo_port[which], OUTPUT）;                //设置舵机接口为输出模式
}
void ServoStop（int which）                           //舵机停止函数
{
  myServo[which].detach（）;                          //使舵机与接口分离
  digitalWrite（servo_port[which],LOW）;              //设置舵机引脚低电平停止运动
}
void ServoGo（int which , int where）
{
  if（where!=200）
  {
   if（where==201）
    ServoStop（which）;                               //舵机停止
   else
   {
    ServoStart（which）;                              //舵机启动
    myServo[which].write（map（where, 500, 2500, 0, 180））;
                                                      //输出映射后的舵机角度值
   }
  }
}
void servo_move（float value0, float value1, float value2, float value3, float value4）
{
```

```
  float value_arguments[] = {value0, value1, value2, value3, value4};
                                    //定义用于接收舵机运动值的数组
  float value_delta[servo_num];     //定义用于存储舵机转动角度的数组
  for（int i=0;i<servo_num;i++）
  {
   value_delta[i] = （value_arguments[i] – value_init[i]）/ f;     //计算舵机转动的角度
  }
  for（int i=0;i<f;i++）
  {
   for（int k=0;k<servo_num;k++）
   {
    value_init[k] = value_delta[k] == 0 ? value_arguments[k] : value_init[k] +value_delta[k];
                                    //将舵机转动的角度赋值给value_init
   }
   for（int j=0;j<servo_num;j++）
   {
    ServoGo（j,value_init[j]）;   //控制机械臂以相应角度运动
   }
   delay（SERVO_SPEED）;
  }
  delay（ACTION_DELAY）;
}
```

（4）彩色物料分拣方案设计。将任务里的黑白物料换成不同颜色的彩色物料，并用颜色传感器（图8.36）替代灰度传感器，重新设计传感器的布局方案。

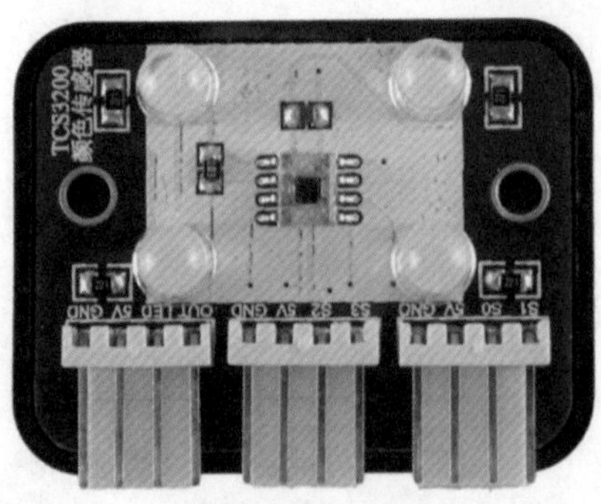


图8.36　颜色传感器

**注意：** 对于颜色传感器，在每次使用前或使用过程中环境、光发生变化，都需要重新

进行白平衡校正。通常使用一个白色物体（如白卡纸）来辅助校正，或者用其他颜色的物体来识别。

颜色传感器校正程序：

```
#include <TimerOne.h> //定时器函数库
                    //把TCS3200颜色传感器各控制引脚连到数字端口
#define S0  A0
#define S1  A1      //S0和S1的组合决定输出信号频率比例因子，比例因子为2%
#define S2  A2      //S2和S3的组合决定让红、绿、蓝哪种光线通过滤波器
#define S3  0
#define OUT  2      //输出信号输入到中断0引脚，并引发脉冲信号中断，
                    //在中断函数中记录TCS3200输出信号的脉冲个数
#define LED  A3     //控制TCS3200颜色传感器是否点亮
int g_count = 0;    //计算与反射光强相对应的TCS3200颜色传感器输出信号的脉冲数
int g_array[3];     //数组存储在1 s内脉冲数，乘以RGB比例因子就是RGB标准值
int g_flag = 0;     //滤波器模式选择顺序标志
float g_SF[3];      //存储RGB比例因子
 //初始化TSC3200各控制引脚的输入输出模式
 //设置TCS3002D的内置振荡器方波频率与其输出信号频率的比例因子为2%
void TSC_Init（）
{
 pinMode（S0, OUTPUT）;
 pinMode（S1, OUTPUT）;
 pinMode（S2, OUTPUT）;
 pinMode（S3, OUTPUT）;
 pinMode（OUT, INPUT）;
 pinMode（LED, OUTPUT）;
 digitalWrite（S0, LOW）;
 digitalWrite（S1, HIGH）;
}
 //选择滤波器模式，决定让红、绿、蓝哪种光线通过滤波器
void TSC_FilterColor（int Level01, int Level02）
{
 if（Level01 != 0）
  Level01 = HIGH;
```

```
  if ( Level02 != 0 )
   Level02 = HIGH;
  digitalWrite ( S2, Level01 ) ;
  digitalWrite ( S3, Level02 ) ;
}
 //中断函数，计算TCS3200输出信号的脉冲数
void TSC_Count ( )
{
  g_count ++ ;
}
 //定时器中断函数，中断后，把该时间内的红、绿、蓝三种光线通过滤波器时，
 //TCS3200输出信号脉冲个数分别存储到数组g_array[3]的相应元素变量中
void TSC_Callback ( )
{
  switch ( g_flag )
  {
   case 0:
     Serial.println ( "->WB Start" ) ;
     TSC_WB ( LOW, LOW ) ;                        //选择让红色光线通过滤波器的模式
     break;
   case 1:
     Serial.print ( "->Frequency R=" ) ;
     Serial.println ( g_count ) ;
     g_array[0] = g_count;                        //1 s内的红光脉冲个数
     TSC_WB ( HIGH, HIGH ) ;                      //选择让绿色光线通过滤波器的模式
     break;
   case 2:
     Serial.print ( "->Frequency G=" ) ;
     Serial.println ( g_count ) ;
     g_array[1] = g_count;                        //1 s内的绿光脉冲个数
     TSC_WB ( LOW, HIGH ) ;                       //选择让蓝色光线通过滤波器的模式
     break;
   case 3:
     Serial.print ( "->Frequency B=" ) ;
```

```
      Serial.println ( g_count ) ;
      Serial.println ( "->WB End" ) ;
      g_array[2] = g_count;                    //1 s内的蓝光脉冲个数
      TSC_WB ( HIGH, LOW ) ;                   //选择无滤波器的模式
      break;
    default:
      g_count = 0;                             //计数值清零
      break;
  }
}
  //设置反射光中红、绿、蓝三色光分别通过滤波器时如何处理数据的标志，该函数被
  //TSC_Callback ( ) 调用
void TSC_WB ( int Level0, int Level1 )
{
  g_count = 0;                                 //计数值清零
  g_flag ++;                                   //输出信号计数标志
  TSC_FilterColor ( Level0, Level1 ) ;         //滤波器模式
  Timer1.setPeriod ( 1000000 ) ;               //设置输出信号脉冲计数时长1 s
}
void setup ( )
{
  TSC_Init ( ) ;
  Serial.begin ( 9600 ) ;                      //启动串行通信
  Timer1.initialize ( ) ;                      //默认值是1 s
  Timer1.attachInterrupt ( TSC_Callback ) ;
  //定时器1的中断，中断函数为TSC_Callback ( )
  //设置TCS3200输出信号的上跳沿触发中断，中断调用函数为TSC_Count ( )
  attachInterrupt ( 0, TSC_Count, RISING ) ;
  digitalWrite ( LED, HIGH ) ;                 //点亮LED灯
  delay ( 4000 ) ;
  //延时4s，等待被测物体红、绿、蓝在1 s内的TCS3200输出信号脉冲计数
  //白平衡测试，计算得到白色RGB值255与1 s内三色光脉冲数的RGB比例因子
  g_SF[0] = 255.0/ g_array[0];                 //红色光比例因子
  g_SF[1] = 255.0/ g_array[1] ;                //绿色光比例因子
```

```
    g_SF[2] = 255.0/ g_array[2];       //蓝色光比例因子
                                        //打印白平衡后的红、绿、蓝三色的RGB比例因子
    Serial.println（g_SF[0],5）;
    Serial.println（g_SF[1],5）;
    Serial.println（g_SF[2],5）;
    //红绿蓝三色光对应1 s内TCS3200输出脉冲数乘以相应的比例因子就是RGB标准值
    //打印被测物体的RGB值
    for（int i=0; i<3; i++）
      Serial.println（int（g_array[i] * g_SF[i]））;
}
void loop（）
{
    g_flag = 0;
    delay（4000）;              //每获得一次被测物体RGB颜色值需时4 s
    for（int i=0; i<3; i++）
      Serial.println（int（g_array[i] * g_SF[i]））; //打印出被测物体RGB颜色值
}
```

可通过Windows系统自带的画图板查看颜色传感器返回的RGB值对应的颜色，并与实际颜色进行对照，测试结果与实际颜色可能有偏差，这是正常现象，只要能够区分不同的物料颜色即可。

（5）物料分拣功能实现。重新编制传感器返回值与机械臂控制指令对照表，并编写控制程序，可参考下述程序，使机械臂能够识别多种颜色的物料、抓取物料并将物料进行分类操作。

基于5自由度机械臂的多颜色物料分拣程序：

```
#include<TimerOne.h>                  //定时器函数库
#include<ServoTimer2.h>               //定时器函数库
#define servo_num 5                   //舵机数量
ServoTimer2 myservo[5];
#define S0  A0
 //物体表面的反射光越强，TCS3002D的内置振荡器产生的方波频率越高
#define S1  A1
 //S0和S1的组合决定输出信号频率比率因子，比例因子为2%
 //比率因子为TCS3200传感器OUT引脚输出信号频率与其内置振荡器频率之比
#define S2  A4  //S2和S3的组合决定让红、绿、蓝哪种光线通过滤波器
```

```
#define S3  A5
#define OUT  2
 //TCS3200颜色传感器输出信号输入到中断0引脚，并引发脉冲信号中断
 //在中断函数中记录TCS3200输出信号的脉冲个数
#define LED    A3                         //控制TCS3200颜色传感器是否点亮
int   g_count = 0;
 //计算与反射光强相对应TCS3200颜色传感器输出信号的脉冲数
 //数组存储在1 s内TCS3200输出信号的脉冲数，它乘以RGB比例因子就是RGB标准值
int g_array[3];
int g_flag = 0;                           //滤波器模式选择顺序标志
float g_SF[3];
 //存储从TCS3200输出信号的脉冲数转换为RGB标准值的RGB比例因子
int servo_pin[5]={3, 4, 7, 8, 12};        //机械臂舵机引脚存储
float value_init[5]={82,109,125,99,108}; //机械臂初始角度设置
int f=20;
 //定义舵机每个状态间转动的次数，以此来确定每个舵机每次转动的角度
 //初始化TSC3200各控制引脚的输入、输出模式
 //设置TCS3002D的内置振荡器方波频率与其输出信号频率的比例因子为2%
void TSC_Init（ ）
{
 pinMode（ S0, OUTPUT ）;
 pinMode（ S1, OUTPUT ）;
 pinMode（ S2, OUTPUT ）;
 pinMode（ S3, OUTPUT ）;
 pinMode（ OUT, INPUT ）;
 pinMode（ LED, OUTPUT ）;
 digitalWrite（ S0, LOW ）;
 digitalWrite（ S1, HIGH ）;
}
 //选择滤波器模式，决定让红、绿、蓝哪种光线通过滤波器
void TSC_FilterColor（ int Level01, int Level02 ）
{
 if（ Level01 != LOW ）
   Level01 = HIGH;
```

```
  if（Level02 != LOW）
   Level02 = HIGH;
  digitalWrite（S2, Level01）;
  digitalWrite（S3, Level02）;
}
 //中断函数，计算TCS3200输出信号的脉冲数
void TSC_Count（）
{
  g_count ++ ;
}
 //定时器中断函数，中断后把该时间内的红、绿、蓝三种光线通过滤波器时TCS3200输
 //出信号脉冲个数分别存储到数组g_array[3]的相应元素变量中
void TSC_Callback（）
{
  switch（g_flag）
  {
    case 0:
      TSC_WB（LOW, LOW）;          //选择让红色光线通过滤波器的模式
      break;
    case 1:
      g_array[0] = g_count;
     //存储1 s内的红光通过滤波器时，TCS3200输出的脉冲个数
      TSC_WB（HIGH, HIGH）;        //选择让绿色光线通过滤波器的模式
      break;
    case 2:
      g_array[1] = g_count;
      //存储1 s内的绿光通过滤波器时，TCS3200输出的脉冲个数
      TSC_WB（LOW, HIGH）;         //选择让蓝色光线通过滤波器的模式
      break;
    case 3:
      g_array[2] = g_count;
       //存储1 s内的蓝光通过滤波器时，TCS3200输出的脉冲个数
      TSC_WB（HIGH, LOW）;                    //选择无滤波器的模式
      break;
```

```
    default:
      g_count = 0;                          //计数值清零
      break;
  }
}
//设置反射光中红、绿、蓝三色光分别通过滤波器时如何处理数据的标志
//该函数被TSC_Callback（ ）调用
void TSC_WB（int Level0, int Level1）
{
  g_count = 0;                              //计数值清零
  g_flag ++;                                //输出信号计数标志
  TSC_FilterColor（Level0, Level1）;         //滤波器模式
  Timer1.setPeriod（100000）;                //设置输出信号脉冲计数时长1 s
}
void setup（ ）
{
  TSC_Init（ ）;
  Serial.begin（9600）;                      //启动串行通信
  Timer1.initialize（ ）;                    //默认值是1 s
  Timer1.attachInterrupt（TSC_Callback）;
  //设置定时器1的中断，中断调用函数为TSC_Callback（ ）
  //设置TCS3200输出信号的上跳沿触发中断，中断调用函数为TSC_Count（ ）
  attachInterrupt（0, TSC_Count, RISING）;
  digitalWrite（LED, HIGH）;                 //点亮LED灯
  delay（1500）;
  //延时4 s，以等待被测物体红、绿、蓝三色在1 s内的TCS3200输出信号脉冲计数
  //通过白平衡测试，计算得到白色物体RGB值255与1 s内三色光脉冲数的RGB比例因子
  g_SF[0] = 0.53;   //红色光比例因子
  g_SF[1] = 0.53;   //绿色光比例因子
  g_SF[2] = 0.53;   //蓝色光比例因子
  //红、绿、蓝三色光对应的1s内TCS3200输出脉冲数乘以相应的比例因子就是RGB标
  //准值
   reset（ ）;   //机械臂初始动作复位
}
```

```
void loop（）
{
  int color[3];                                              //定义被测物体的RGB值存放数组
  g_flag = 0;
  delay（500）;
  for（int i=0; i<3; i++）
  {
    color[i] = g_array[i] * g_SF[i];                         //存储被测物体的RGB值
  }
  if（（color[2]>color[0]）&&（color[2]>color[1]））          //判断物料为蓝色
  {
    Serial.println（"blue"）;                                //串口输出蓝色信息
    left（）;                                                //机械臂执行物料左转分拣
  }
  else if（（color[1]<color[0]）&&（color[1]<color[2]））     //判断物料为红色
  {
    Serial.println（"Red"）;                                 //串口输出红色信息
    right（）;                                               //机械臂执行物料的右转分拣
  }
  else if（（color[0]<color[1]）&&（color[0]>color[2]））     //其他颜色检测
  {
    Serial.println（"Stop"）;                                //串口输出机械臂停止信息
  }
}
void reset（）                                               //机械臂的初始动作
{
  for（int i=0;i<servo_num;i++）
  {
    myservo[i].attach（servo_pin[i]）;                       //设置舵机接口
    myservo[i].write（map（value_init[i],0,180,500,2500））;  //输出映射后的舵机PWM值
  }
}

void servo_move（float value0, float value1, float value2, float value3,float value4）
```

```
{
  float value_arguments[5] = {value0, value1, value2, value3,value4};
  //定义用于接收舵机运动值的数组
  float value_delta[servo_num];  //定义用于存储舵机转动角度的数组
  for（int i=0;i<servo_num;i++）
  {
   value_delta[i] = （value_arguments[i] – value_init[i]）/ f;  //计算舵机转动的角度
  }
  for（int i=0;i<f;i++）
  {
   for（int k=0;k<servo_num;k++）
   {
    value_init[k] = value_delta[k] == 0 ? value_arguments[k] : value_init[k] + value_delta[k];
  //将舵机转动的角度赋值给value_init
   }
   for（int j=0;j<servo_num;j++）
   {
    myservo[j].write（map（value_init[j],0,180,500,2500））；
     //输出映射后的舵机PWM值
    delay（20）；
   }
  }
}
void left（）                  //机械臂左侧分拣
{
  servo_move（82,135,135,55,103）；//机械臂下落动作
  delay（500）；
  servo_move（82,135,135,55,53）； //物料抓取
  delay（500）；
  servo_move（142,135,135,55,53）；//机械臂左转
  delay（500）；
  servo_move（142,135,135,55,103）；//物料放置
  delay（500）；
  servo_move（142,120,135,55,103）；//机械臂抬起
```

```
  delay（500）;
  servo_move（82,109,125,99,108）; //机械臂初始状态恢复
}
void right（）    //机械臂右侧分拣
{
  servo_move（82,135,135,55,103）; //机械臂下落动作
  delay（500）;
  servo_move（82,135,135,55,53）; //物料抓取
  delay（500）;
  servo_move（22,135,135,55,53）; //机械臂右转
  delay（500）;
  servo_move（22,135,135,55,103）; //物料放置
  delay（500）;
  servo_move（22,120,135,55,103）; //机械臂抬起
  delay（500）;
  servo_move（82,109,125,99,108）; //机械臂初始状态恢复
}
```

## 8.6.4　实验拓展与思考

（1）思考如何通过2个以上传感器来完成本实验案例1中的灰阶场地行进任务，并进行结构设计、编程和测试。

（2）结合本实验中案例1和案例2，设计一台可移动物料识别机器人，可参考图8.37所示机器人进行设计和搭建，使其能够识别黑、白物料或其他颜色物料并进行可移动输运。

图8.37　可移动物料分拣机器人

# 8.7 实验十 机器人平衡实验

## 8.7.1 实验任务

利用加速度传感器，实现双轮小车的自主平衡控制和人车混合型机器人身体姿态的平衡控制。

## 8.7.2 实验原理

自主平衡控制就是让机器人在行进中保持相对稳定的姿态，为了让机器人保持平衡，电机的运动必须能抵消机器人重力导致的姿态变化，比如倾倒、后仰等。要实现这个抵消动作，平衡机器人就需要能反馈并纠正这些变化的因素。在本实验中，通过加速度传感器提供的加速度反馈功能，控制单元能感知机器人当前的姿态信息，利用这些信息控制电机和车轮的运动，使机器人保持平衡。

## 8.7.3 实验案例

### 1. 案例1 基于加速度传感器的双轮小车自平衡实验

（1）加速度传感器的姿态响应电压测试。加速度传感器的输出信号和它的姿态相关，在使用之前需要确认输出电压与 $X$ 方向、$Y$ 方向倾斜角的关系。具体实现方式如下：

第一，按照如图8.38所示连接方式将加速度传感器连接至BigFish扩展板的A0、A1组合接口，加速度传感器能够输出 $X$ 方向和 $Y$ 方向的信号，且传感器对 $X$ 方向和 $Y$ 方向的输出引脚有明确的定义。

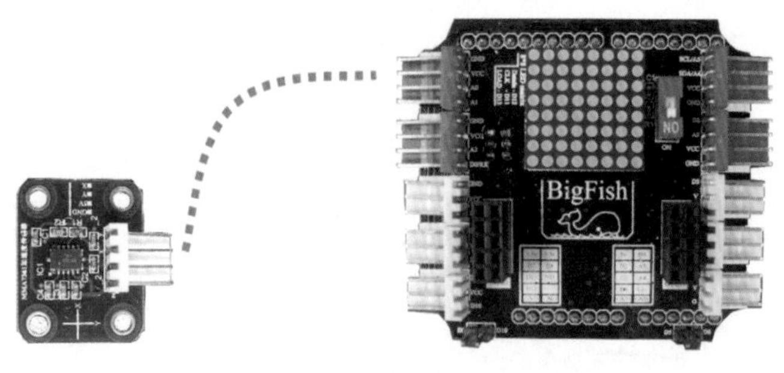


图8.38 加速度传感器的连接方式

第二，编写加速度传感器信号采集程序并烧录，程序如下：

```
const int analogInPin = A0;   //定义模拟量输入引脚
int sensorValue = 0;          //定义从传感器读取数值的变量并赋初值
int outputValue = 0;          //定义脉冲宽度调制模拟量输出的变量并赋初值
```

```
void setup ( )
{
 Serial.begin ( 9600 ) ;                    //初始化串口通信波特率为9 600 bps
}
void loop ( )
{
 sensorValue = analogRead ( analogInPin ) ;  //读取传感器模拟量数据
 char outputValue = map ( sensorValue, 0, 1023, 0, 255 ) ;
 //将读取的模拟量数据映射到模拟输出的范围，分别是输入10位和输出8位
 Serial.print ( outputValue ) ;              //向串口发送传感器映射后的模拟量
 delay ( 50 ) ;
}
```

第三，编写串口通信程序，将加速度传感器模拟信号上传至上位机，并在上位机上显示采集的电压值。上位机Processing程序如下：

```
import processing.serial.*;
Serial myPort;                              //定义字符串类型
int buf_tmp   = 0;                          //定义临时串行数据
int x=0;                                    //X轴为时间，赋初值
int y=0;                                    //Y轴为加速度传感器的输出电压，赋初值
void setup ( )
{
 fill ( 0 ) ;
 size ( 800,300 ) ;                         //定义上位机显示图像尺寸
 background ( 255 ) ;
 myPort = new Serial ( this, "COM3", 9600 ) ;//定义获取串口数据端口
}
void draw ( )                               //绘图程序
{
 if ( myPort.available ( ) >0 )
 {
  buf_tmp = myPort.read ( ) ;               //获取串行数据
  x++;
  line ( x-1,y,x,buf_tmp ) ;                //连接前一点和后一点
  y=buf_tmp;
```

```
    if ( x>width )
    {
      x=0;
      background ( 255 ) ;
    }
  }
}
```

第四，在上位机上打开Processing工具，运行传感器姿态变化响应程序，并观察$Y$方向的变化与输出电压的关系，图8.39所示为上位机输出的加速度传感器的采集波形。改变程序的读取引脚，观察$X$方向的姿态和输出信号的关系。

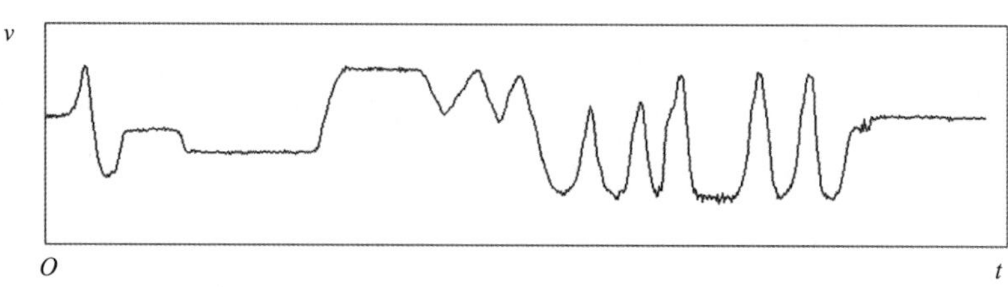


图8.39　加速度传感器的输出电压与Y轴方向的关系

（2）双轮小车设计。参照图8.40所示搭建双轮小车，并连接主控板、锂电池、加速度传感器等，注意加速度传感器的安装方向。

图8.40　自平衡双轮小车

（3）编写控制程序。本案例提供了一种姿态调整程序，可实现双轮小车自主平衡控制，控制程序如下：

```
#include <SignalFilter.h>  //数字滤波器过滤传感器数据的库
SignalFilter Filter;       //实例化滤波方法
char filtered;             //定义用于存储滤波后的值的变量
int a,c,d;                 //定义三个变量，第一个用于存储监测值，后两个用于转动速度
```

```
const int analogInPin = A0;             //定义传感器模拟量输入引脚
int sensorValue = 0;                    //从传感器读取的数值
int outputValue = 0;                    //脉冲宽度调制模拟量的输出值（模拟输出）
void setup（）
{
 Serial.begin（9600）;                  //初始化串口通信波特率为9 600 bps
 Filter.begin（）;                      //Filter默认滤波器
 Filter.setFilter（'m'）;               //设置为Median Filter（中值滤波）
 Filter.setOrder（2）;                  //选择过滤器顺序
}
void loop（）
{
 sensorValue = analogRead（analogInPin）;                    //读取传感器的模拟量数值
 char outputValue = map（sensorValue, 0, 1023, 0, 255）;     //映射到模拟输出的范围
 filtered= Filter.run（outputValue）;
 int a=abs（filtered）;                                      //取绝对值并进行赋值
 if（（a>=91）&&（a<=100））
                              //判断监测值的范围在91 ~ 100之间处于平衡状态
 {
  analogWrite（9,0）;                   //执行停止运动
  analogWrite（10,0）;
  analogWrite（5,0）;
  analogWrite（6,0）;
  delay（5）;                           //延时5 ms
 }
 if（a>=101）                           //判断监测值的范围大于平衡状态
 {
  c=a+（a-100）*5;                      //进行转速计算
  d=a+20+（a-100）*5;                   //进行转速计算
  analogWrite（9,0）;                   //控制电机转动到平衡状态
  analogWrite（10,c）;
  analogWrite（5,0）;
  analogWrite（6,d）;
  delay（5）;                           //延时5 ms
```

```
    analogWrite（9,30）;                 //反向转动调整平衡
    analogWrite（10,0）;
    analogWrite（5,40）;
    analogWrite（6,0）;
  }
  if（a<=90）                            //判断监测值的范围小于平衡状态
  {
    c=a+（90-a）*3+40;                   //进行转速计算
    d=a+20+（90-a）*3+40;                //进行转速计算
    analogWrite（9,c）;                  //控制电机转动到平衡状态
    analogWrite（10,0）;
    analogWrite（5,d）;
    analogWrite（6,0）;
    delay（5）;                          //延时5 ms
    analogWrite（9,0）;                  //反向转动调整平衡
    analogWrite（10,30）;
    analogWrite（5,0）;
    analogWrite（6,40）;
  }
  Serial.print（a）;Serial.print（"/"）;        //串口输出a的检测值
  Serial.print（c）;Serial.print（"/"）;        //串口输出c的计算值
  Serial.println（d）;                          //串口输出d的计算值
}
```

（4）自主平衡测试。烧录程序并运行，人为地去打破小车的平衡点，观察小车自动调节情况，确定其是否能自行稳定至平衡点。

**2. 案例2　人车混合型机器人的设计与控制实验**

（1）人车混合型机器人设计。参考图8.41，选取一个四驱小车、2个舵机和3个关节单元，组装一台人车混合型机器人，选择合适的位置安装加速度传感器。

（2）人车混合机器人身体姿态控制。加速度传感器$X$方向和$Y$方向的倾斜信息分别反馈控制两个舵机的角度，以实现在四驱小车出现俯仰或者歪斜时，机器人上身姿态能够保持直立。上身姿态控制程序如下：

```
#include <Servo.h>                    //舵机函数库
Servo myservo[2];                     //定义舵机
int myservopin[2] = {4, 3};           //定义数组myservopin存储舵机引脚值
```

图8.41　人车混合型机器人

```
int xAngle, yAngle;                    //定义变量xAngle，yAngle
int xOut, yOut;                        //定义变量xOut，yOut

void setup（）
{
  myservo[0].attach（myservopin[0]）;          //设定4号引脚舵机接口
  myservo[1].attach（myservopin[1]）;          //设定3号引脚舵机接口
}

void loop（）
{
  ValueGet（）;                                //获取传感器的值
  ServoOut（）;                                //输出给舵机
  delay（100）;      //后面如果没有其他的程序，最好加一个小小的延时
}
int ValueGet（）                               //获取加速度传感器输出值的函数
{
  xAngle = analogRead（A0）;                   //获取A0引脚的值赋值，X方向
  yAngle = analogRead（A1）;                   //获取A1引脚的值赋值，Y方向
  xOut = （int）map（xAngle, 0, 1023, 0, 180）;
    //将X方向检测到的值从0 ~ 1023映射到1 ~ 180
  yOut = （int）map（yAngle, 0, 1023, 0, 180）;
    //将Y方向检测到的值从0 ~ 1023映射到1 ~ 180
```

```
}
void ServoOut（）                        //舵机输出函数（输出给舵机）
{
 myservo[0].write（xOut）;               //向转轴与Y轴平行的舵机输出X方向的值
 myservo[1].write（yOut）;               //向转轴与X轴平行的舵机输出Y方向的值
}
```

（3）人车混合机器人行进控制程序设计。编写程序，使小车不但具有自平衡功能，还可以实现匀速前进、匀速后退、加速前进和加速后退等功能。

（4）人车混合机器人行进与自平衡测试。烧录程序并运行，观察当机器人在行进中小车反生倾斜时，人形部分的关节摆动情况以及身体姿态的变化情况。

### 8.7.4 实验拓展与思考

（1）利用加速度传感器控制6自由度行走机器人的行进姿态。

（2）使用PID控制算法对双足机器人进行自平衡控制。

# 第 9 章

# 汽车“智”造梦工场综合创新实践

汽车“智”造梦工场综合创新实践在前述基础实验和综合实验的基础上，围绕知识应用和素质培养主线，将传统模式下的单一主体实验训练升级为系统综合的创新实践训练，通过深度参与的团队协同实践，完成给定工艺系统规划、功能模块设计与实现、系统联调与功能测试等实践任务，实现由综合实验至创新实践的进阶与提升。汽车“智”造梦工场综合创新实践重点进行以下方面的培养与训练。

（1）知识维度：开阔视野，增加对学科交叉知识应用的认知与理解；建立知识点、技术点与相关课程的映射关系，好奇驱动，激发专业课程的学习兴趣。

（2）能力维度：综合训练和培养工具应用能力、问题分析和解决能力、实践创新能力、跨学科能力、团队协同能力、工程领导力等，具备宏观规划设计能力与微观实现能力。

（3）价值维度：以小见大，在实践中树立大系统意识，培养工匠精神；结合实践，体会先进制造系统相比传统制造系统的技术进步，并引导学生将当前的学习实践与未来服务国家战略需求、投身国家经济建设相联系，树立远大理想。

## 9.1 创新实践背景

当前，伴随物联网、大数据、云计算、人工智能等新一代信息技术的飞速发展及其与制造业的深度融合，我国制造业已逐步进入智能化时代，这将促进产业变革，并逐步发展形成新的业态模式。随着“工业4.0”和“中国制造2025”等概念的提出，智能制造产业快速发展，是目前制造业领域研究和应用的热点之一。为适应市场的需求，越来越多的企业组建智能制造生产线，通过新建或改造智能制造生产线，提高产品质量和生产效率，降低生产成本，并且实现生产加工全过程信息的监控与管理。

智能制造产业的发展对高校人才培养过程中创新能力、工匠精神、信息化素养以及专业技能的复合性也提出了更高的要求，国内越来越多的高校建设了智能制造生产线，并作为典型与重要的实践条件，在工科专业实践育人中发挥了重要的积极作用，但在面向学生全面开放且深度协同参与的内容及创新能力培养体系和组织实施模式等方面仍有非常大的提升空间。

基于上述背景，并作为产业级智能制造生产线的概念性展示，我们以开放性为指导思想，以深度参与实践、协同实践为应用导向，以严谨性和趣味性结合、引导性和自主性结合为重要原则，开发了“智”造梦工场综合实验台，并以汽车生产、应用为主题，规划设计了汽车“智”造梦工场综合创新实践。

## 9.2 创新实践支撑平台

“智”造梦工场综合实验台旨在为开展综合创新实践提供开放的实验环境与条件，可围绕不同主题开展系统级创意、创新设计与实现。依托“智”造梦工场综合实验台及其配套实践体系，可开设研究创新型、综合型、认知体验型以及科普体验型的实践项目与训练。根据学生对象、知识水平、实践学时、实践形式的不同，可开设定制式的实践课程与项目，适用于不同类型与层次的实践教学环节。

“智”造梦工场综合实验台主要由折叠支架实验台和开放零件库组成。

### 9.2.1 折叠支架实验台

折叠支架实验台为“智”造梦工场综合实验台的主体，也是相关综合创新实践开展的基体，如图9.1所示，其总体尺寸为1 620 mm × 1 020 mm × 1 500 mm。折叠支架实验台展开后为4层结构，整体造型犹如一个螺旋上升的“回”字。折叠支架实验台的可折叠性和多层结构特性，一方面可以有效节省空间，便于存储；另一方面在相对小的空间内拓展了有效实验空间。折叠支架实验台提供了快速安装接口，面板上阵列了间距为20 mm、直径为3.5 mm的通孔，便于进行各种创新结构、子系统的布局设计与快速安装。在实践过程中，学生可充分发挥想象与创意，将各种功能结构按照预设方案与规则快速安装，形成整体的流水线系统。

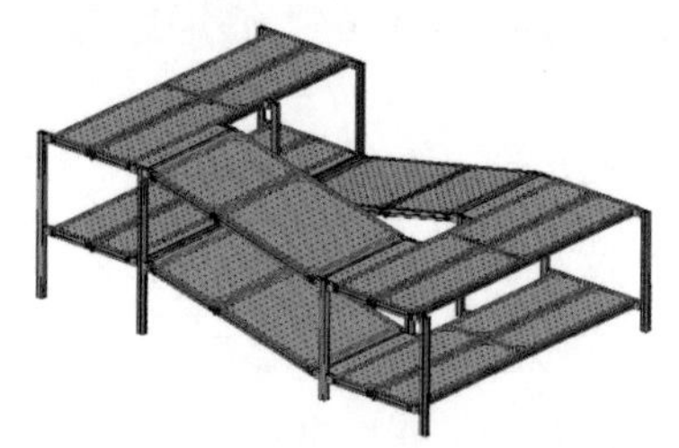
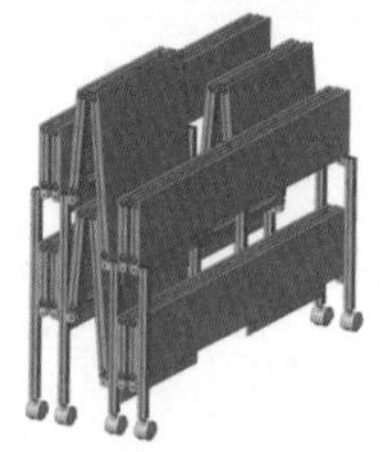
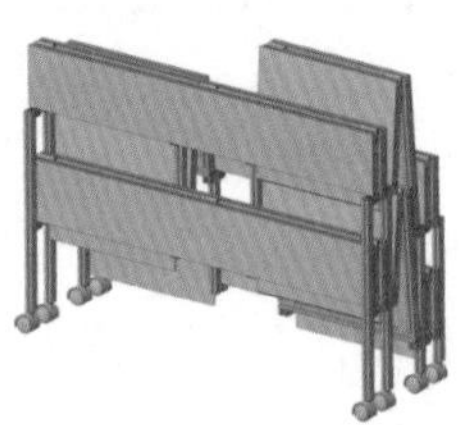

图9.1　折叠支架实验台

### 9.2.2 开放零件库

“智”造梦工场综合实验台的开放零部件库，配置有大学生科技创新实践中常用的基础结构件、Arduino控制板、树莓派、舵机/电机、传感器、配套附件与标准件等，同时辅以3D

打印工具（支持个性化结构件的设计与实现），目前开放零件库共计包含各种类型的零部件50余种、600余件，如图9.2所示。

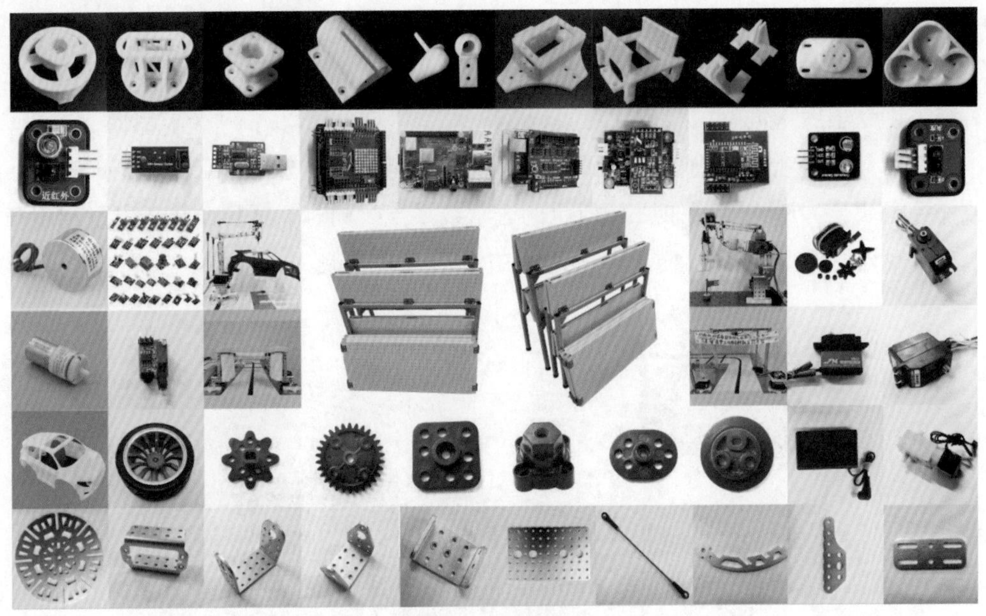

图9.2　开放零件库

## 9.3 创新实践实施方案

### 9.3.1　总体介绍

依托“智”造梦工场综合实验台，可规划设计多种主题的创新实践项目，应用多种形式的组织实施模式。以目前应用较为成熟和广泛的汽车“智”造梦工场综合创新实践为例，具体包括以下实践子项目或任务模块：

（1）总体任务：工艺系统规划。

（2）总体任务：系统联调。

（3）分项任务：小车基体设计与制作。

（4）分项任务：车壳安装设计与实现。

（5）分项任务：平台转运设计与实现。

（6）分项任务：自动洗刷设计与实现。

（7）分项任务：气泵喷涂设计与实现。

（8）分项任务：车牌安装设计与实现。

（9）分项任务：旗标安装设计与实现。

（10）分项任务：安全检测设计与实现。

（11）分项任务：定时闸门设计与实现。

（12）分项任务：汽车下线设计与实现。

（13）分项任务：礼让行人设计与实现。

（14）分项任务：终点响锣设计与实现。

（15）创新拓展：创意项目设计与实现。

汽车“智”造梦工场综合创新实践，以多人团队为单位，分组分工协同完成上述实践子项目或任务模块，并最终实现如图9.3所示的流水线系统。同时，项目团队还可以利用开放零件库，自行规划设计实践子项目或任务模块（功能模块），融入大系统中形成总体流水线。

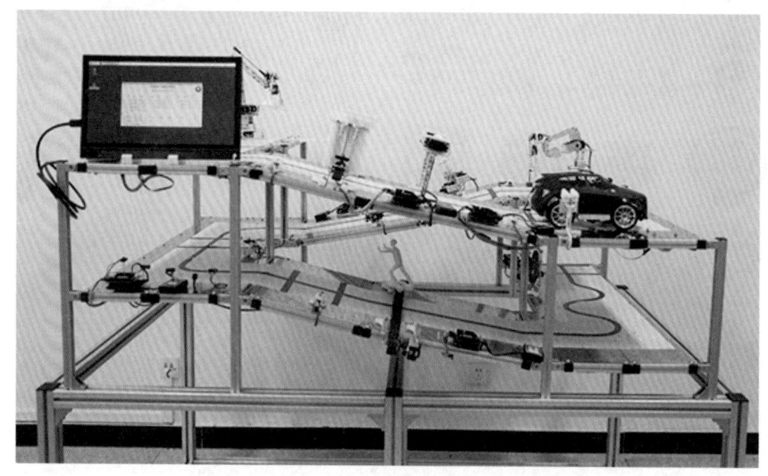

图9.3　汽车“智”造梦工场流水线系统

## 9.3.2　任务分解

汽车“智”造梦工场综合创新实践提供了10余个实践子项目或任务模块，部分子项目或任务模块分解如下。

### 1. 车壳安装设计与实现

车壳安装模块任务描述为：由机械臂将确定位置的车壳抓取至小车基体上方，并准确安装到小车上。能够实现该功能的机械臂结构有多种类型，图9.4提供了一种机械臂形式，包含齿轮传动、四连杆机构等基础机械结构，可参考该结构设计与搭建机械臂，并通过机械手、传感器等的配合完成车壳安装任务。

其中，传感器的作用与安装位置描述为：将红外传感器安装在车道侧边靠近机械臂的位置，当小车通过该位置时，红外传感器被触发，机械臂开始执行车壳抓取安装任务。

一般来说，机械臂自动安装车壳的运动轨迹可以分解为表9–1所示的9个动作，可根据具体的任务场景对各分解动作做进一步解释说明。解释说明有助于控制程序的编写，表9–1中提供了动作1和动作2的动作说明示例，其他分解动作的说明可参考填写。其中，180° 大小舵机的功能是相同的，区别在质量，驱动机械手建议使用质量较轻的小舵机，可以减小重力

影响；底座的驱动舵机则建议使用质量稍重的大舵机，有利于提升机械臂的稳定性。

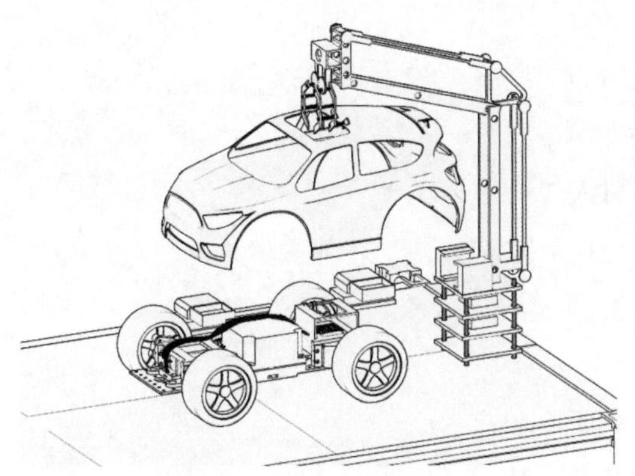

图9.4　车壳安装机械臂

表 9-1　车壳安装动作分解及说明

| 序号 | 分解动作 | 动作说明（示例） |
| --- | --- | --- |
| 1 | 机械手下降 | 红外传感器被触发，7号大舵机转动实现机械手下降 |
| 2 | 机械臂前伸 | 4号大舵机转动实现机械臂前伸，带动机械手向前移动 |
| 3 | 机械手夹紧 | — |
| 4 | 机械臂后退 | — |
| 5 | 机械臂旋转 | — |
| 6 | 机械臂前伸 | — |
| 7 | 机械手松开 | — |
| 8 | 机械臂后退 | — |
| 9 | 机械臂转动 | — |
| 10 | 机械手上升 | — |

执行车壳安装任务的机械臂C语言控制程序如下：

```
#include <Servo.h>


Servo servo_pin_3;
Servo servo_pin_4;
Servo servo_pin_7;
Servo servo_pin_8;


void setup（）{
 pinMode（14,INPUT）;
 // 舵机引脚初始化
```

读者笔记

读者笔记

```
servo_pin_3.attach ( 3 ) ;
 servo_pin_4.attach ( 4 ) ;
 servo_pin_7.attach ( 7 ) ;
 servo_pin_8.attach ( 8 ) ;
//舵机初始角度位置写入
 servo_pin_3.write ( 130 ) ;
 servo_pin_4.write ( 30 ) ;
 servo_pin_7.write ( 50 ) ;
 servo_pin_8.write ( 140 ) ;
}

void loop ( ) {
 int t=20;
 if ( ! ( digitalRead ( 14 ) ) )
 {

//机械手下降
 for ( int i = 50;i>=5;i-- )
   {
     servo_pin_7.write ( i ) ;
     delay ( t ) ;
   }

//机械臂前伸
for ( int i = 30;i <= 80;i++ )
{
 servo_pin_4.write ( i ) ;
 delay ( t ) ;
}

//机械手夹紧
for ( int i = 140;i>=60;i-- )
   {
     servo_pin_8.write ( i ) ;
```

读者笔记

```
    delay（ t ）;
  }

//机械臂后退
for（int i = 80;i >= 25;i-- ）
  {
    servo_pin_4.write（ i ）;
    delay（ t ）;
  }

//机械臂旋转到小车上方位置
for（int i =130;i>=35;i-- ）
{
  servo_pin_3.write（ i ）;
  delay（ t ）;
}

//机械臂前伸
for（ int i = 25; i<=80;i++ ）
{
  servo_pin_4.write（i）;
  delay（ t ）;
}

//机械手打开，放下车壳
   for（int i = 60;i<=140;i++ ）
   {
    servo_pin_8.write（ i ）;
    delay（ t ）;
   }

//机械臂后退
for（ int i = 80; i>=30;i-- ）
{
```

读者笔记

```
  servo_pin_4.write（i）;
  delay（ t ）;
 }

 //机械臂转动，回到初始角度位置
 for （int i =35;i<=130;i++）
 {
  servo_pin_3.write（ i ）;
  delay（ t ）;
 }

 //机械手上升，回到初始位置
 for （int i = 5;i<50;i++）
   {
    servo_pin_7.write（ i ）;
    delay（ t ）;
   }
  }
  delay（ 10000）;
 }
```

**2. 自动洗刷设计与实现**

自动洗刷模块任务描述为：通过清洗毛刷自动转动来清洗车壳，即小车经过时，红外传感器检测到小车到达，向控制板发送信号，控制主动齿轮转动，与之啮合的随动齿轮同步转动，即清洗毛刷同步转动，达到清洗效果。图9.5提供了自动洗刷的一种实现方式。

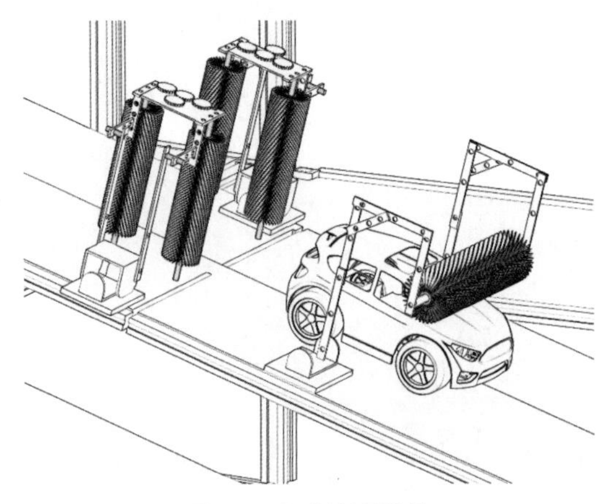

图9.5　自动洗刷模块

基于ArduBlock工具的控制程序如图9.6所示。

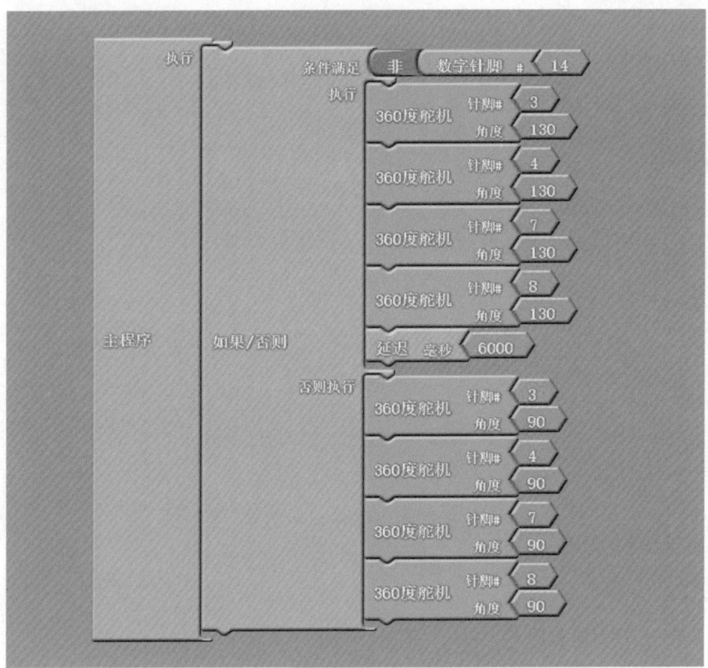


图9.6　自动洗刷ArduBlock控制程序

自动洗刷的C语言控制程序如下：

```
#include <Servo.h>

Servo servo_pin_3;
Servo servo_pin_4;
Servo servo_pin_7;
Servo servo_pin_8;

void setup（）
{
 pinMode（ 14, INPUT）;
 servo_pin_3.attach（3）;
 servo_pin_4.attach（4）;
 servo_pin_7.attach（7）;
 servo_pin_8.attach（8）;
}
```

读者笔记

读者笔记

```
void loop ( )
{
 if ( ! ( digitalRead ( 14 ) ) )
 {
//360° 舵机转动6 s
   servo_pin_3.write ( 130 );
   servo_pin_4.write ( 130 );
   servo_pin_7.write ( 130 );
   servo_pin_8.write ( 130 );
   delay ( 6000 );
 }
 else
 {
//360° 舵机停止转动
   servo_pin_3.write ( 90 );
   servo_pin_4.write ( 90 );
   servo_pin_7.write ( 90 );
   servo_pin_8.write ( 90 );
 }
}
```

### 3. 气泵喷涂设计与实现

气泵喷涂模块任务描述为：通过气泵向车壳吹气来模拟给车身喷漆的过程。图9.7提供了一种气泵喷涂形式。当传感器检测到小车到达时，向控制板发送信号，控制气泵开始工作。由于气泵功率较小，吹气效果不明显，故可自行设计辅助机构或结构显现气泵的吹气效果。

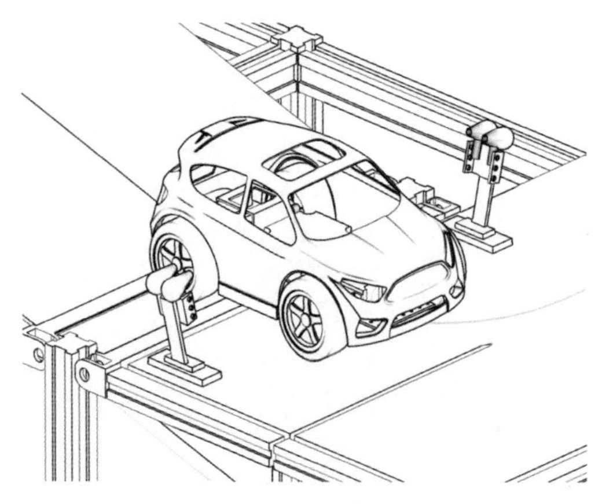

图9.7　气泵喷涂模块

基于ArduBlock工具的控制程序如图9.8所示。

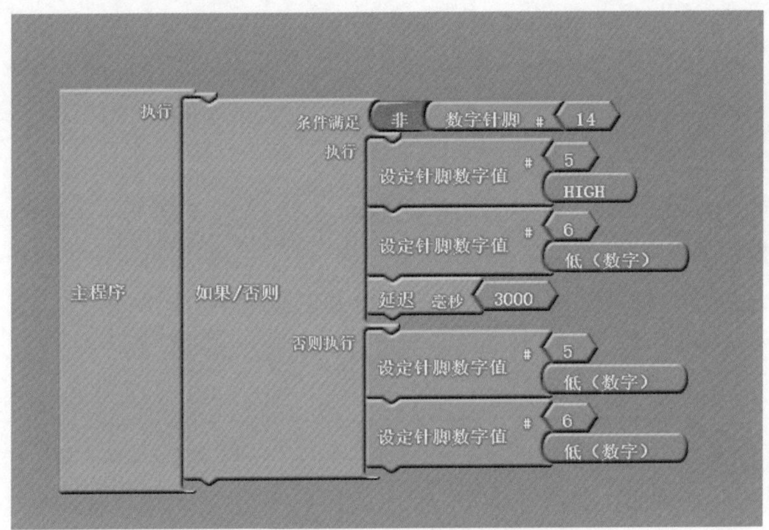


图9.8　气泵喷涂ArduBlock控制程序

气泵喷涂的C语言控制程序如下：

```
#include <Servo.h>
void setup（）{
 pinMode（ 14,INPUT ）;
 pinMode（ 5,OUTPUT ）;
 pinMode（ 6,OUTPUT ）;
 digitalWrite（ 5, LOW ）;
 digitalWrite（ 6, LOW ）;
}

void loop（）{
 if（!（ digitalRead（14）））
 {
  // 气泵喷气3 s
  digitalWrite（ 5, HIGH ）;
  digitalWrite（ 6, LOW ）;
  delay（3000）;
 }
 else
 {
```

读者笔记

```
//气泵停止喷气
   digitalWrite（ 5, LOW ）;
   digitalWrite（ 6, LOW ）;
 }
}
```

读者笔记

**4. 车牌安装设计与实现**

车牌安装模块的任务描述为：设计机械臂结构，当小车到达指定位置时，红外传感器被触发，随后小车停止，机械臂动作，将车牌抓取并安装至小车尾部车牌安装位置。图9.9提供了一种车牌安装形式。

图9.9 车牌安装模块

执行车牌安装任务的机械臂C语言控制程序如下：

```
#include <Servo.h>

int t = 20;
Servo servo_pin_3;

void setup（ ）{
 pinMode （5,OUTPUT）;
 pinMode （6,OUTPUT）;
 servo_pin_3.attach（ 3 ）;

 digitalWrite（ 5 ,LOW ）;
```

读者笔记

读者笔记

```
  digitalWrite（ 6 ,LOW ）;
  servo_pin_3.write（ 25 ）;
}

void loop（）{
  delay（2000）;
//电磁铁通电
  digitalWrite（ 5 ,LOW ）;
  digitalWrite（ 6 ,HIGH ）;

  if（!（digitalRead（17）））
  {
//舵机向下转动
    for（int i = 25 ; i <= 98; i++）
    {
      servo_pin_3.write（ i ）;
      delay（ t ）;
    }
    delay（1000）;
//电磁铁断电，车牌安装到车壳上
    digitalWrite（ 5 ,LOW ）;
    digitalWrite（ 6 ,LOW ）;
//舵机向上转动，回到初始位置
    for（int i = 98 ; i >= 25; i--）
    {
      servo_pin_3.write（ i ）;
      delay（ t ）;
    }
  }
}
```

**5. 旗标安装设计与实现**

旗标安装模块的任务描述为：设计一款代表团队风采或其他寓意的旗标，当小车到达指定位置时，红外传感器被触发，向控制板发送信号，控制机械臂抓取旗标并安置于车壳前部指定位置。图9.10提供了一种机械臂与机械手形式，可作为参考。实践中应根据旗标的结构样式，设计相应的机械手结构和编写控制程序，以实现对旗标的稳固抓取并保证旗标在移动过程中不掉落。

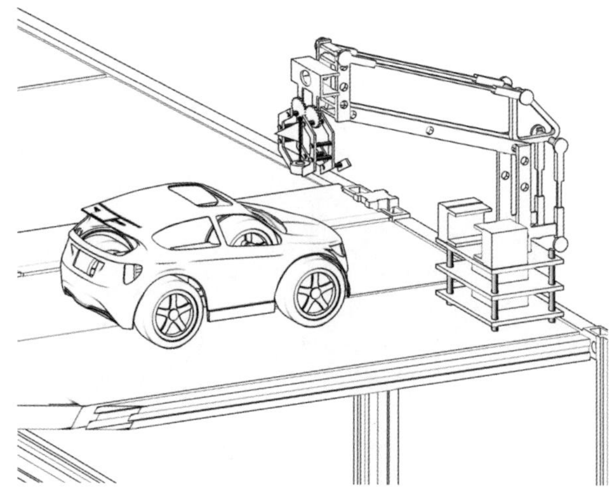

**图9.10　旗标安装模块**

旗标安装的机械臂运动分解动作如表9-2所示，并提供了动作1和动作2的动作说明示例，其他分解动作的说明可参考填写。

**表 9-2　旗标安装动作分解及说明**

| 序号 | 分解动作 | 动作说明（示例） |
|---|---|---|
| 1 | 机械臂下降 | 红外传感器被触发，4号舵机转动，使机械臂下降 |
| 2 | 机械手夹紧 | 7号舵机转动，机械爪抓取车旗 |
| 3 | 机械臂上升 | — |
| 4 | 机械臂旋转 | — |
| 5 | 机械臂下降 | — |
| 6 | 机械手松开 | — |
| 7 | 机械臂上升 | — |
| 8 | 机械臂旋转 | — |
| 9 | 机械手下降 | — |

旗标安装的C语言控制程序如下：

```
#include <Servo.h>


Servo servo_pin_3;
Servo servo_pin_4;
Servo servo_pin_7;
```

读者笔记

读者笔记

```
void setup ( ) {
  servo_pin_3.attach ( 3 ) ;
  servo_pin_4.attach ( 4 ) ;
  servo_pin_7.attach ( 7 ) ;

  servo_pin_3.write ( 18 ) ;
  servo_pin_4.write ( 54 ) ;
  servo_pin_7.write ( 70 ) ;
}

void loop ( ) {
  int t =20;
  if ( ! ( digitalRead ( 14 ) ) )
  {
    delay (2000) ;
    //机械臂下降
    for ( int i=54;i<=117;i++ )
    {
      servo_pin_4.write ( i ) ;
      delay ( t ) ;
    }
    //机械手抓取旗标
    for ( int i=70;i>=40;i-- )
    {
      servo_pin_7.write ( i ) ;
      delay ( t ) ;
    }
    //机械臂上升
      for ( int i=117;i>=40;i-- )
    {
      servo_pin_4.write ( i ) ;
      delay ( t ) ;
    }
    //机械臂旋转
```

读者笔记

```
for ( int i=18;i<=62;i++ )
{
 servo_pin_3.write ( i ) ;
 delay ( t ) ;
}
//机械臂下降
for ( int i=40;i<=54;i++ )
{
 servo_pin_4.write ( i ) ;
 delay ( t ) ;
}
//机械手松开，放下旗标
for ( int i=40;i<=70;i++ )
{
 servo_pin_7.write ( i ) ;
 delay ( t ) ;
}
//机械臂上升
for ( int i=54;i >=40;i-- )
{
 servo_pin_4.write ( i ) ;
 delay ( t ) ;
}
delay ( 30000 ) ;
//机械臂转动到初始位置
   for ( int i=62;i >=18;i-- )
{
 servo_pin_3.write ( i ) ;
 delay ( t ) ;
}
//机械手下降到初始位置
   for ( int i=40;i<=54;i++ )
{
 servo_pin_4.write ( i ) ;
```

```
    delay ( t ) ;
  }
 }


}
```

读者笔记

6. 安全检测设计与实现

车门检测模块的任务描述为：设计一套安全检测模拟装置，当小车到达指定位置时，传感器被触发并向控制板发送信号，检测模拟装置开始工作，将“检查员”运送至小车前部模拟检测动作。图9.11提供了一种利用曲柄滑块机构模拟安全检测的实现形式。

图9.11　安全检测模块

安全检测的C语言控制程序如下：

```
#include <Servo.h>

Servo servo_pin_3;
Servo servo_pin_4;

void setup ( ) {

pinMode ( 14,INPUT ) ;
servo_pin_3.attach ( 3 ) ;
servo_pin_4.attach ( 4 ) ;

servo_pin_3.write ( 70 ) ;
```

读者笔记

读者笔记

```
servo_pin_4.write ( 5 ) ;
}

void loop ( ) {
int t = 20;
int t2 =50;
if (! (digitalRead (14) ) )
{
 //舵机转动，将“检察员”转到车道边缘
for (int i = 70;i<=170;i++)
 {
  servo_pin_3.write (i) ;
  delay ( t ) ;
 }
//舵机转动，将“检察员”推至小车前部
 for (int i = 5;i<=70;i++)
 {
  servo_pin_4.write (i) ;
  delay ( t2 ) ;
 }
delay (8000) ;
//舵机反向转动，“检察员”回到车道边缘
 for (int i = 170;i>=70;i--)
 {
  servo_pin_3.write (i) ;
  delay ( t ) ;
 }
//舵机反向转动，“检察员”回到初始位置
 for (int i = 70;i>=5;i--)
 {
  servo_pin_4.write (i) ;
  delay ( t ) ;
 }
 }
```

}

**7. 汽车下线设计与实现**

汽车下线模块的任务描述为：流水线完成规定任务后，汽车下线投入使用，图9.12提供了一种利用横幅摆动模拟与表达汽车下线的实现形式。小车到达指定位置，传感器被触发并向控制板发送信号，控制横幅摆动。可通过在横幅上书写个性化标语等来丰富表达形式与内容。

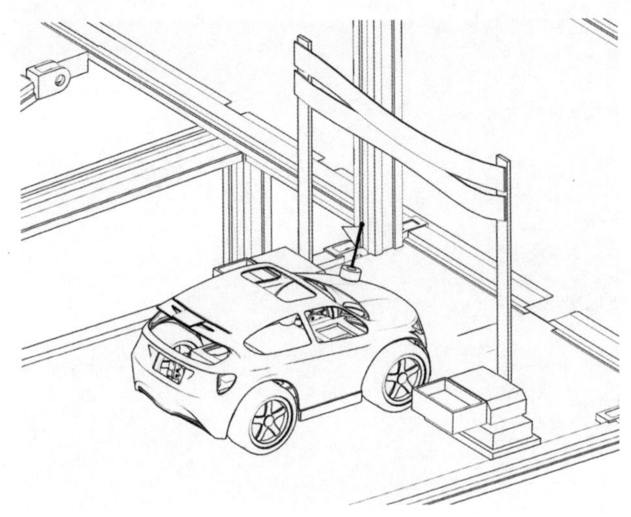

图9.12　汽车下线模块

汽车下线的C语言控制程序如下：

读者笔记

```
#include <Servo.h>
Servo servo_pin_3;
Servo servo_pin_4;

void setup（）{
  servo_pin_3.attach（ 3 ）;
  servo_pin_4.attach（ 4 ）;


  servo_pin_3.write（ 3 ）;
  servo_pin_4.write（ 3 ）;


}


void loop（）{
  int t=5;
```

读者笔记

```
if（!（digitalRead（16）））
{
//舵机先正转再反转，执行2次
 for（ int j =1; j <=2;j++）
 {
   for （ int i = 3;i<=90;i++）
   {
   servo_pin_3.write（ i ）;
   servo_pin_4.write（ i ）;
   delay （ t ）;
   }
  for （ int i = 90;i>=3;i--）
   {
   servo_pin_3.write（ i ）;
   servo_pin_4.write（ i ）;
   delay （ t ）;
   }
 }
 servo_pin_3.write（ 90 ）;
 servo_pin_4.write（ 90 ）;
 delay（ 5000 ）;
}
else
{
//舵机停止转动
 servo_pin_3.write（ 90 ）;
 servo_pin_4.write（ 90 ）;
}


}
```

**8. 礼让行人设计与实现**

礼让行人模块的任务描述为：汽车下线行驶，在人行横道处探测到正在过马路的行人，进行避让，待行人通过马路后继续行驶。图9.13提供了一种礼让行人的实现方式，将“行人”固连在履带片上，当小车行驶至人行横道前方时，传感器被触发，小车停止，“行人”

通过人行横道后，小车继续行驶。礼让行人的动作可以通过多种方式实现，如可设置足够长的延迟指令，足够行人完成过马路动作；也可使用多个传感器，实时检测行人位置，待检测到行人通过马路时发送继续前行指令。

图9.13　礼让行人模块

礼让行人的C语言控制程序如下：

读者笔记

```
#include <Servo.h>
Servo servo_pin_3;
Servo servo_pin_4;

void setup（）{
  servo_pin_3.attach（ 3 ）;
  servo_pin_4.attach（ 4 ）;

  servo_pin_3.write（ 90 ）;
  //servo_pin_4.write（ 90 ）;
}

void loop（）{
  int t=20;
  if（!（digitalRead（14）））
  {
//舵机转动5 s，“行人”在人行道上前进5 s，穿过马路
```

```
    servo_pin_3.write（ 97 ）;
    delay（5000）;
  //舵机停转20 s，即人行道停转，小车可通过
    servo_pin_3.write（90）;
    delay（20000）;
  }
  //舵机停转
  servo_pin_3.write（ 90 ）;

}
```

读者笔记

9. 终点响锣设计与实现

终点响锣模块的任务描述为：流水线各规定动作完成后，小车行驶至终点位置，以响锣形式表示完成所有任务。同时，为了增加所有任务完成的展示度，铜锣敲响后弹出“Perfect”展示牌以示鼓励。图9.14提供了终点响锣的一种实现形式。

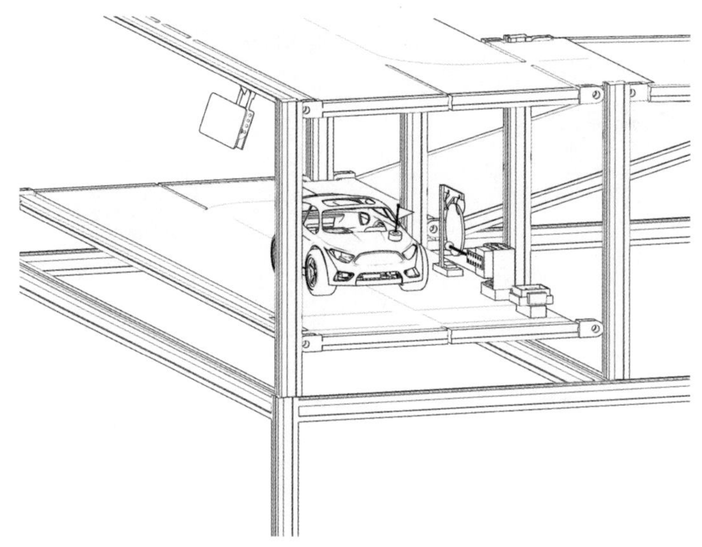

图9.14　终点敲锣模块

终点敲锣的C语言控制程序如下：

```
#include <Servo.h>

Servo servo_pin_3;
Servo servo_pin_4;
int count=1;
int t =20;
```

读者笔记

读者笔记

```
void setup ( ) {

  pinMode ( 14, INPUT ) ;
  servo_pin_3.attach ( 3 ) ;
  servo_pin_4.attach ( 4 ) ;

  servo_pin_3.write ( 120 ) ;
  servo_pin_4.write ( 90 ) ;
}

void loop ( )
{
if ( ! ( digitalRead ( 14 ) ) )
{
//敲锣3次
  for ( int j = 1; j<=3;j++ )
  {
  //舵机转动，完成敲锣
for ( int i = 120;i<=170;i++ )
  {
    servo_pin_3.write ( i ) ;
    delay ( 5 ) ;
  }
//舵机反转，回初始位置
  for ( int i = 170;i>=120;i-- )
  {
    servo_pin_3.write ( i ) ;
    delay ( 5 ) ;
  }
  }
//舵机转动，“PERFECT”铭牌转动
  for ( int i=90;i>=45;i-- )
  {
    servo_pin_4.write ( i ) ;
```

```
    delay (20);
   }
   delay (10000);
 }
 else
 {
 //舵机回到初始位置
   servo_pin_3.write ( 120 );
   servo_pin_4.write ( 90 );
 }
}
```

读者笔记

**10. 系统联调**

系统联调是一项关键的综合任务，需要各实践子模块负责人协同配合才能完成系统的流程控制与测试。根据教学目标要求或知识结构层次的不同，系统联调可通过手机蓝牙控制或程序智能控制两种方式实现。作为拓展任务，还可以引入树莓派模块，通过树莓派可以控制多个功能模块的动作、显示、监测各功能模块的状态与任务完成度等，还可以进行更层次的智能控制。

系统联调控制逻辑相对较复杂，调试、测试任务均比较繁重，需系统梳理控制逻辑并编制控制程序，其C语言控制程序如下：

```
#include <Servo.h>
#include <LEDControl.h>

Servo servo_pin_3;
Servo servo_pin_4;
Servo servo_pin_7;
Servo servo_pin_8;
int count;

// stop_count函数
void stop_count (int x)
{
  if (x == 1)
  {
//小车停止
```

读者笔记

读者笔记

```
  servo_pin_3.write ( 90 ) ;
  servo_pin_4.write ( 90 ) ;

  servo_pin_8.write ( 90 ) ;
  servo_pin_7.write ( 90 ) ;
  delay ( 10000 ) ;
//小车前进1 s
     servo_pin_3.write ( 106 ) ;
     servo_pin_4.write ( 106 ) ;

     servo_pin_8.write ( 81 ) ;
     servo_pin_7.write ( 79 ) ;
     delay ( 1000 ) ;
 }
 else if ( x == 2 )
 {
//小车停止10 s
  servo_pin_3.write ( 90 ) ;
  servo_pin_4.write ( 90 ) ;

  servo_pin_8.write ( 90 ) ;
  servo_pin_7.write ( 90 ) ;
  delay ( 10000 ) ;
//小车前进1 s
     servo_pin_3.write ( 106 ) ;
     servo_pin_4.write ( 106 ) ;

     servo_pin_8.write ( 81 ) ;
     servo_pin_7.write ( 79 ) ;
     delay ( 1000 ) ;
 }

 else if ( x == 3 )
{
```

读者笔记

```
//小车前进6 s
servo_pin_3.write ( 106 ) ;//
servo_pin_4.write ( 106 ) ;
servo_pin_8.write ( 81 ) ;
servo_pin_7.write ( 79 ) ;
delay ( 6000 ) ;
//小车停止1 s
servo_pin_3.write ( 90 ) ;
servo_pin_4.write ( 90 ) ;
servo_pin_8.write ( 90 ) ;
servo_pin_7.write ( 90 ) ;
delay ( 1000 ) ;
//小车后退5 s
servo_pin_3.write ( 81 ) ;
servo_pin_4.write ( 82 ) ;
servo_pin_8.write ( 106 ) ;
servo_pin_7.write ( 106 ) ;
delay ( 5000 ) ;
//小车前进0.5 s
servo_pin_3.write ( 106 ) ;
servo_pin_4.write ( 106 ) ;
servo_pin_8.write ( 81 ) ;
servo_pin_7.write ( 79 ) ;
delay ( 500 ) ;
}
else if ( x == 4 )
{
//小车停止6 s
servo_pin_3.write ( 90 ) ;
servo_pin_4.write ( 90 ) ;
servo_pin_8.write ( 90 ) ;
servo_pin_7.write ( 90 ) ;
delay ( 6000 ) ;
//小车前进1 s
```

读者笔记

```
servo_pin_3.write（ 106 ）;
      servo_pin_4.write（ 106 ）;
      servo_pin_8.write（ 81 ）;
      servo_pin_7.write（ 79 ）;
      delay（1000）;
  }
 else if（ x == 5 ）{
//小车停3 s
servo_pin_3.write（ 90）;
   servo_pin_4.write（ 90 ）;

   servo_pin_8.write（ 90 ）;
   servo_pin_7.write（ 90 ）;
   delay（3000）;
//小车前进1 s
servo_pin_3.write（ 106 ）;
      servo_pin_4.write（ 106 ）;

      servo_pin_8.write（ 81 ）;
      servo_pin_7.write（ 79 ）;
      delay（1000）;
  }
  else if （ x == 6 ）
  {
//小车停止 7 s
servo_pin_3.write（ 90）;
   servo_pin_4.write（ 90 ）;
   servo_pin_8.write（ 90 ）;
   servo_pin_7.write（ 90 ）;
   delay（7000）;
//小车前进1 s
      servo_pin_3.write（ 106 ）;
      servo_pin_4.write（ 106 ）;
      servo_pin_8.write（ 81 ）;
```

```
        servo_pin_7.write ( 79 ) ;
        delay ( 1000 ) ;
    }

    else if ( x == 7 )
    {
//小车停300 s
     servo_pin_3.write ( 91 ) ;
     servo_pin_4.write ( 91 ) ;

     servo_pin_8.write ( 90 ) ;
     servo_pin_7.write ( 90 ) ;
     delay ( 300000 ) ;
     }
}
void setup ( )
{
//3个传感器，18号在小车中右位置，16号在前右位置，14号在前左位置
pinMode ( 18, INPUT ) ;
  pinMode ( 16, INPUT ) ;
  pinMode ( 14, INPUT ) ;
//4个360° 舵机
  servo_pin_3.attach ( 7 ) ;//l
  servo_pin_4.attach ( 4 ) ;//l
  servo_pin_7.attach ( 3 ) ;//r
  servo_pin_8.attach ( 8 ) ;//r
    count = 1;
    delay ( 2000 ) ;//开机之后，小车2 s后再前进
}
void loop ( ) {
//14、16号传感器没有信号
   if ( ( ( digitalRead ( 16 ) ) && digitalRead ( 14 ) ) ) {
//小车直行
        servo_pin_3.write ( 106 ) ;
```

```
    servo_pin_4.write（ 106 ）;
    servo_pin_8.write（ 81 ）;
    servo_pin_7.write（ 79 ）;
    }
  //14、16号传感器都有信号
  if（（（! digitalRead（16） ） && （!digitalRead（14） ）））{
    //小车直行
servo_pin_3.write（ 106 ）;
    servo_pin_4.write（ 106 ）;

    servo_pin_8.write（ 81 ）;
    servo_pin_7.write（ 79 ）;
    }
  //14号传感器没有信号、16号传感器有信号
  if （（!（ digitalRead（16） ） && digitalRead（14） ））
  {
  //小车右转
  servo_pin_3.write（ 106 ）;
  servo_pin_4.write（ 106 ）;
  servo_pin_8.write（ 105 ）;
  servo_pin_7.write（ 105 ）;
  }
  //14号传感器有信号、16号传感器没有信号
  else if （（!（ digitalRead（14） ） && digitalRead（16） ））{
  //小车左转
  servo_pin_3.write（ 87 ）;
  servo_pin_4.write（ 89 ）;
  servo_pin_8.write（ 81 ）;
  servo_pin_7.write（ 79 ）;
  }
   //14、16、18号传感器都有信号
 if （（ !digitalRead（18） ） && （!digitalRead（16） ） && （!digitalRead（14） ） ）{
   delay（20）;
 //调用函数stop_count（ ）
```

```
stop_count ( count ) ;
        count++;
    }
}
```

## 9.4 实践应用与成效分析

### 9.4.1 教学应用情况

汽车“智”造梦工场综合创新实践主要服务于“机械工程基础”课程的实验教学环节，并于2018年起拓展应用到了北京市“一带一路”国家大学生科技创新训练营、北京市教委暑期学校创新训练营、实验选修课/开放实验、专业认知实习、北京理工大学·北京中医药大学本科生合作培养课程、中学生定制式训练营课程等多种教学环节，实践教学成效显著。

汽车“智”造梦工场综合创新实践的应用进一步丰富和优化了实践教学时软硬件条件，并形成了层级模块化的实践训练体系。

### 9.4.2 感想与评价摘录

**1. 我们学到了什么**

（1）团队合作，一个人绝对不能完成这么庞大的任务。

（2）人机的沟通与交流，思维碰撞的火花，一个人可以走得很快，但是一群人可以走得很远。

（3）编程的快乐，重新体会了上个学期被C语言支配的“恐惧”。

（4）机械臂的结构，尽管三个机械臂有差别，但是它们的基本原理是相似的。

（5）动手能力，和螺钉、螺母打了一天的交道，不会拼也锻炼出来了。

（6）荣誉和成绩，所有的都结束，看到我们成果时的那种由衷的快乐。

图9.15所示为2019年春季学期“机械工程基础”课程实验答辩展示。

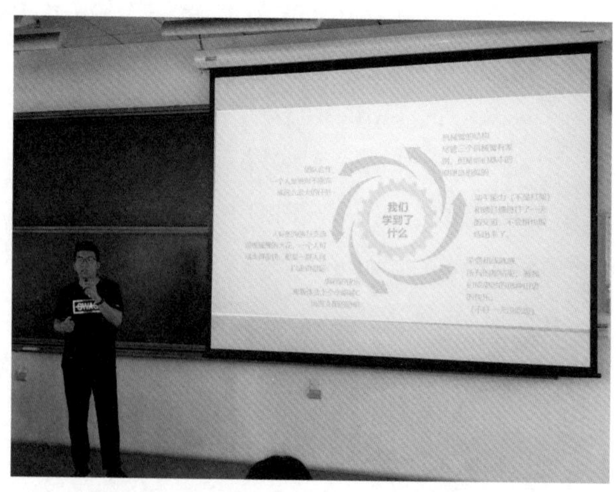


图9.15 “机械工程基础”课程实验答辩展示

**2. 新闻报道摘录：“一带一路”国家大学生科技创新训练营纪实——智能车创新实践**

实践内容极大地激发了中外学生的动手积极性，学生讨论氛围热烈，实践热情高涨，不同国家学生的科技创新思维在此产生激烈的碰撞和交融，促进了中外学生之间友好、深入的学术交流。通过实践活动不仅增进了不同国家学生间的相互了解，也激发了国际大学生科技交流与创新的热情。科技创新训练活动还将开展学生互评环节，评选出智能小车梦工场最佳展示奖、智能小车梦工场场景最佳设计奖和智能小车梦工场最佳形象设计奖，将大学生科技创新训练营活动推向高潮。

**3. 创新训练营团队成员感言**

（1）队员A：通过这次集训我感受到了很多，从一开始和队友进行万向轮小车反复拆装的无奈，再到五人心有灵犀地完成了智能小车梦工场全部内容的那份喜悦，这些都成了我的宝贵财富！

（2）队员B：通过参加本次暑期集训，我个人感觉收获还是挺大的，学到了很多新的知识，对一些实践操作和创新也有了新的认识，自己的实践动手能力也有了很大的提高。

（3）队员C：通过不断学习制作了自己的小车，虽然还是被另一个组强大的创新设计PK掉了，但是我很开心我们组战绩第一，所有的想法都会落成现实，你为它努力，它帮你收获！

（4）队员D：在这里我的创新能力得到了提升，更重要地是认识到了很多有趣的人，在他们身上我学习到了很多东西。

（5）队员E：我一直觉得，用短短的14天去了解一群人是一件很难的事情，可命运让我们在这个时间点相遇，必然有其意义所在，也许我们之间的很多人，今天之后可能再也不会见面，可是我们在这里所经历的一切都会留在心底，很高兴认识你们！

摘自2019年北京市教委暑期学校创新训练营营员感言（根据视频旁白整理）

**4. 成功一定会一步一步的被接近**

虽然我们的智能小车生产线距离真正的智能制造生产线还很遥远，但从这次的认知实习中我们体验到了工艺流程规划、设备的调试和调整。我们认识到，从课本理论到生产实际，我们要走的路还很长。我们也用这次的团队实践证明了，只要脚踏实地、各司其职、合理分工、群策群力，问题终将一个个被解决，成功也一定会一步一步地被接近。

摘自2020年秋季工业工程专业认知实习学生感言

**5. 冰冷的金属摩擦出温暖**

这4天的课程，教会了我勇于探索，自己去解决问题，而不是遇到问题就只会问老师。在这之前，我们的专业课程比较偏向文科，以记忆为主，几乎没体验过自己去探索。在智能小车这堂课上，一开始拿到零件老师就说开始吧，那时候真的很蒙，强迫着我们去自己探索，后来程序设计遇到问题，老师也要求我们自己去发现问题。诚然，这种探索的过程确实比直接教授浪费时间，但是在我们探索的过程中，会对知识掌握得更熟悉，并且学得更开心，更有满足感和成就感。无形中，也提高了我们发现问题和解决问题的能力。在完成最后的大作业时，几乎没有老师的参与，我们也能大体地完成任务，这在我看来就是进步。独立地去完成一件任务，真的很让人获得成就感。

这4天的学习，收获很大，在快乐中学习，在学习中收获快乐。很感谢两个学校可以有这样的合作，给了我们一个走出去学习的机会，开阔眼界，增长见识，甚至可以从更远的角度来认识自己的专业课，对我们未来的发展都有益处。希望这样的合作以后继续开展，希望以后还能有机会来这里学习。

摘自北京理工大学·北京中医药大学本科生培养合作项目：《智能小车梦工场综合实践》实验报告汇编（2019）

# 附　　录

## A.1 探索者套件清单及参数说明

“探索者”套件产品由机器时代（北京）科技有限公司开发，以下清单及参数说明由作者根据产品使用说明书整理。

### A.1.1 “探索者”套件结构件清单

| 序号 | 图例 | 名称 | 说明 |
| --- | --- | --- | --- |
| 01 | | 支杆件 | 曲柄滑块机构的主要零件可用于搭建机器人行走机构 |
| 02 | | | |
| 03 | | | |
| 04 | | 连杆件 | 包含20 mm、40 mm等不同规格，可用于搭建四连杆结构、伸缩机械手等 |
| 05 | | | |
| 06 | | | |
| 07 | | 机械手指 | 带角度连杆件，可用于搭建机械手爪、腿部结构等 |

续表

| 序号 | 图例 | 名称 | 说明 |
| --- | --- | --- | --- |
| 08 |  | 双足连杆 | 带角度连杆件，可用于搭建机械手爪、腿部结构等 |
| 09 |  | 小轮 | 可用作履带、滚筒的骨架 |
| 10 |  | 大轮 | 可用作大轮子、机架、半球结构、球结构等 |
| 11 |  | 小舵机支架 | 可用于连接小型舵机与其他零件 |
| 12 |  | 大舵机支架 | 可用于连接大舵机与其他零件 |
| 13 | 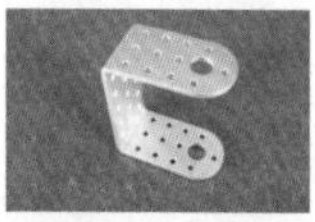 | 大舵机U型支架 | 可用于大舵机组装关节式结构 |
| 14 |  | 舵机双折弯 | 可用作机器人关节摆动部件 |
| 15 |  | 折弯件 | 可用于搭建机构支架，连接不同平面 |
| 16 |  | | |
| 17 |  | | |
| 18 |  | 球形件 | 可用于翅膀、腿、轮足等仿生机构的搭建 |
| 19 |  | | |

续表

| 序号 | 图例 | 名称 | 说明 |
| --- | --- | --- | --- |
| 20 | | 球形件 | 可用于翅膀、腿、轮足等仿生机构的搭建 |
| 21 | | 5 mm × 7 mm孔平板 | 可用作小型搭载平台 |
| 22 | | 7 mm × 11 mm孔平板 | 可用作大型搭载平台 |
| 23 | | 11 mm × 25 mm孔平板 | 可用作大型机架平台 |
| 24 | | 垫片10 | 四种小金属件，主要起调节机构层次的作用 |
| 25 | | 垫片20 | |
| 26 | | 轮支架 | |
| 27 | | 10 mm滑轨 | |
| 28 | | 牛眼万向轮 | 国际标准零件 |
| 29 | | 直流马达支架 | 可用于连接直流电机与其他零件 |
| 30 | | 双足大腿 | 可组装特殊的曲柄滑块，用于机器人行走机构 |
| 31 | | 双足小腿 | |
| 32 | | 双足脚 | 可作为脚使用，也可用于其他功能 |

续表

| 序号 | 图例 | 名称 | 说明 |
|---|---|---|---|
| 33 | 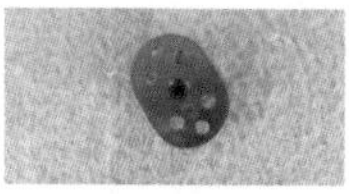 | 输出头 | 舵机/电机输出附件，可用于舵机和被驱动件间的连接 |
| 34 | 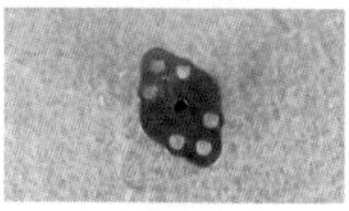 | | |
| 35 | 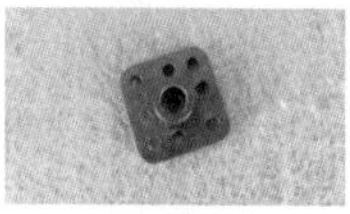 | | |
| 36 | 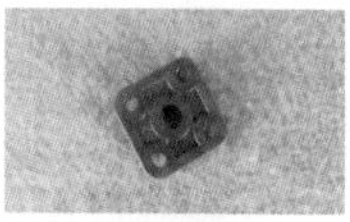 | | |
| 37 | 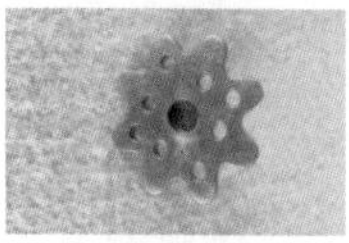 | | |
| 38 |  | 履带片 | 可用于履带连接 |
| 39 |  | 联轴器 | 可用于轴的连接 |
| 40 |  | 传动轴 | 不锈钢传动部件，可用于齿轮连接等，两端是扁的 |
| 41 | 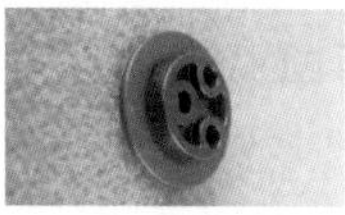 | 两种偏心轮 | 可用于组装偏心轮机构，代替凸轮、曲柄等 |
| 42 | 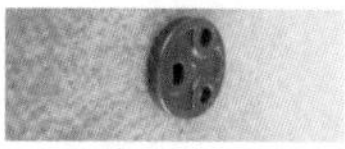 | | |
| 43 | 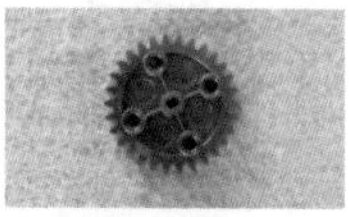 | 30齿齿轮 | |
| 44 |  | 1：10模型轮胎 | |

续表

| 序号 | 图例 | 名称 | 说明 |
| --- | --- | --- | --- |
| 45 |  | 轴套2.7 | 不锈钢轴套 |
| 46 | 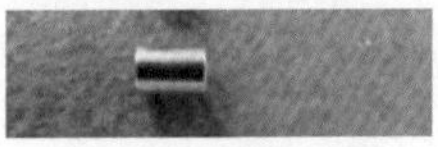 | 轴套5.4 | |
| 47 |  | 轴套10.4 | |
| 48 | 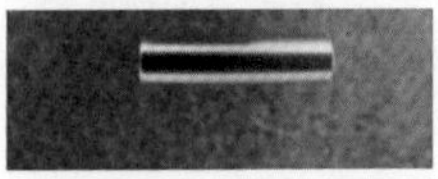 | 轴套15.4 | |
| 49 | | 螺柱10 | 国际标准尼龙螺柱 |
| 50 |  | 螺柱15 | |
| 51 |  | 螺柱20 | |
| 52 |  | 螺柱30 | |
| 53 |  | 35 mm金属螺柱 | |
| 54 | 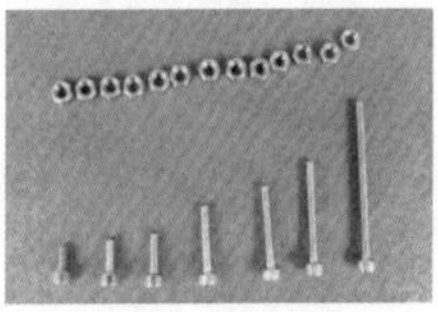 | M3不锈钢螺丝、螺母 | 国际标准件 |

## A.1.2 “探索者”套件电子模块清单

| 序号 | 图例 | 名称 | 说明 |
| --- | --- | --- | --- |
| 01 |  | Basra主控板 | 采用AVR ATMega328芯片、Arduino Uno开源架构 |
| 02 |  | BigFish扩展板 | 预设端口功能，可直接使用，与主控板堆叠安装 |
| 03 |  | birdmen手柄扩展板 | 具有摇杆电位器，可以配合主控板、通信模块等，组装遥控或线控手柄 |
| 04 |  | 触碰传感器 | TTL电平信号 |
| 05 |  | 近红外传感器 | 一种红外传感器，可检测能反射红外线的物体，TTL电平信号 |
| 06 |  | 灰度传感器 | 一种红外光电传感器，可检测颜色的灰阶值，TTL电平信号 |
| 07 |  | 白标传感器 | 一种红外传感器，可直接检测黑色背景下的白色，TTL电平信号 |
| 08 |  | 声控传感器 | 可检测声音信号 |
| 09 |  | 光强传感器 | 一种光敏传感器，可检测到光照强弱，TTL电平信号 |

续表

| 序号 | 图例 | 名称 | 说明 |
| --- | --- | --- | --- |
| 10 |  | 闪动传感器 | 一种光敏传感器，可检测光线的闪烁变化，TTL电平信号 |
| 11 |  | 加速度传感器 | 2轴，可检测线加速度与角加速度的变化 |
| 12 |  | 红外编码器 | 一种红外栅格码盘，可计数 |
| 13 |  | 超声测距传感器 | 发射与接收超声波，可检测能反射超声波的物体，并测量距离 |
| 14 |  | 温湿度传感器 | 可检测温度和湿度 |
| 15 |  | NRF无线串口模块 | 2.4 GHz无线收发模块 |
| 16 |  | 蓝牙串口模块 | BLE2.0协议 |
| 17 |  | LED模块 | 红、绿双色LED灯 |
| 18 |  | 语音模块 | 可以录制和播放音频 |

### A.1.3 Basra 主控板技术参数说明

**1. Basra主控板参数**

（1）处理器 ATmega328；

（2）工作电压 5 V；

（3）输入电压（推荐）7 ~ 12 V；

（4）输入电压（范围）6 ~ 20 V；

（5）数字I/O引脚 14个（其中6路作为PWM输出）；

（6）模拟输入引脚 6个；

（7）I/O引脚直流电流 40 mA；

（8）3.3V引脚直流电流 50 mA；

（9）Flash Memory 32 KB（ATmega328，其中0.5 KB 用于 Bootloader）；

（10）SRAM 2 KB（ATmega328）；

（11）EEPROM 1 KB（ATmega328）；

（12）工作时钟 16 MHz。

**2. Basra主控板供电方式**

Basra可以通过以下3种方式供电，而且能自动选择供电方式。

（1）外部直流电源通过电源接口供电；

（2）电池连接电源连接器的GND和VIN引脚供电；

（3）USB接口可直接供电。

电源引脚说明如下。

VIN——当外部直流电源接入电源接口时，可以通过VIN向外部供电，也可以通过此脚向UNO直接供电；VIN通电时将忽略从USB或者其他引脚接入的电源。

5V ——通过稳压器或USB的5 V电压，为UNO上的5 V芯片供电。

3.3V——通过稳压器产生的3.3 V电压，最大驱动电流50 mA。

GND——地脚。

**3. 存储器**

ATmega328包括了片上32 KB Flash，其中0.5 KB用于Bootloader，同时还有2 KB SRAM和1 KB EEPROM。

**4. 输入输出**

14路数字输入输出端口：工作电压为5 V，每一路能输出和接入最大电流为40 mA。每一路配置了20 ~ 50 kΩ内部上拉电阻（默认不连接）。除此之外，有些引脚有特定的功能：

（1）串口信号RX（0号）、TX（1号）：与内部 ATmega8U2 USB-to-TTL 芯片相连，提供TTL电压水平的串口接收信号。

（2）外部中断（2号和3号）：触发中断引脚，可设成上升沿、下降沿或同时触发。

（3）脉冲宽度调制PWM（3、5、6、9、10 、11）：提供6路8位PWM输出。

（4）SPI［10（SS），11（MOSI），12（MISO），13（SCK）］：SPI通信接口。

（5）LED（13号）：Arduino专门用于测试LED的保留接口，输出为高时点亮LED，反之输出为低时LED熄灭。

6路模拟输入输出端口：每一路具有10位的分辨率（即输入有1 024个不同值），默认输入信号为0 ~ 5 V，可以通过AREF调整输入上限。除此之外，有些引脚有特定功能：

（1）TWI接口（SDA A4和SCL A5）支持通信接口（兼容I2C总线）。

（2）AREF：模拟输入信号的参考电压。

（3）Reset：信号为低时复位单片机芯片。

**5. 通信**

（1）串口：ATmega328内置的UART可以通过数字口0（RX）和1（TX）与外部实现串口通信；ATmega16U2可以访问数字口实现USB上的虚拟串口。

（2）TWI（兼容I2C）接口。

（3）SPI 接口。

**6. 下载程序**

（1）Basra上的ATmega328已经预置了Bootloader程序，因此可以通过Arduino软件直接下载程序到主控板中。

（2）可以通过主控板上ICSP header直接下载程序到ATmega328。

**7. 注意事项**

（1）USB口附近有一个可重置的熔断器，对电路起到保护作用。当电流超过500 mA时，USB连接自动断开。

（2）主控板提供了自动复位设计，可以通过主机复位，即通过Arduino软件下载程序到主控板中时，软件可以自动复位，无须单击“复位”按钮。

Arduino UNO芯片与接口引脚分布如图A.1所示。

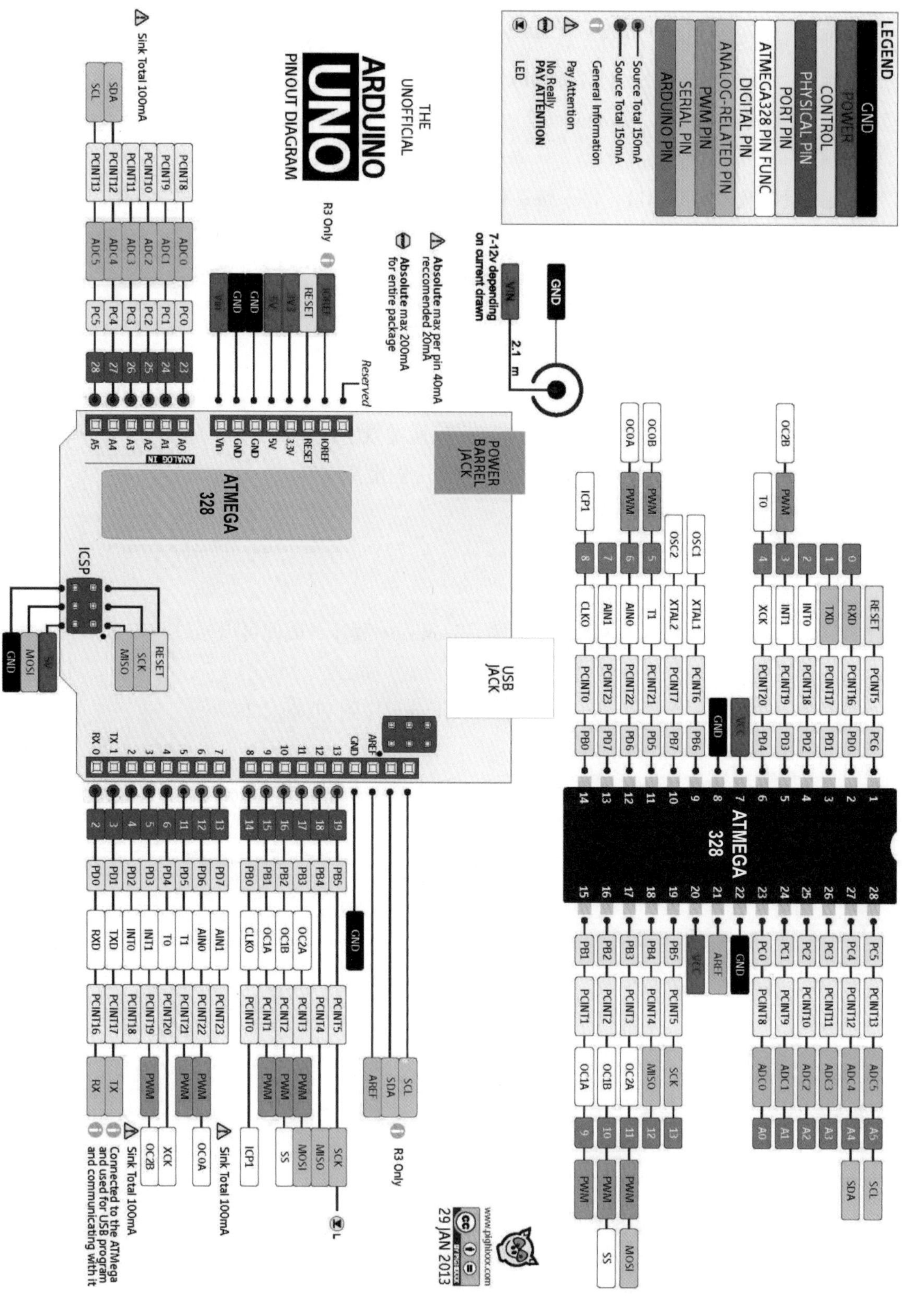

图A.1 Arduino UNO芯片与接口引脚

## A.2 软件平台使用说明

本实验教材中所涉及的案例均是基于Arduino 开发工具（Arduino IDE）完成的，该平台完全开源，可自行通过官网下载或更新。

### A.2.1 Arduino 编程环境安装教程

（1）拷贝..\Basra控制板\arduino-1.5.2（可替换为最新版本）目录至本机位置。

（2）将Basra控制板通过miniUSB数据线与PC连接，初次连接时会弹出驱动安装提示，选择..\Basra控制板\arduino-1.5.2\drivers\FTDI USB Drivers目录安装驱动，如图A.2～图A.4所示。

图A.2　硬件安装向导界面

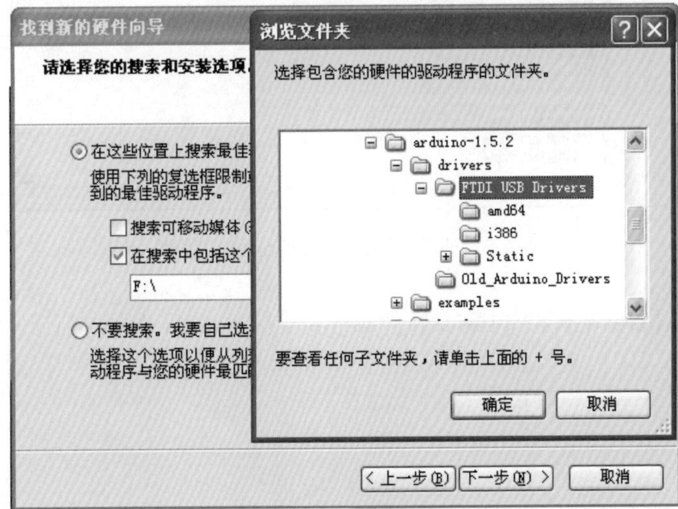


图A.3　驱动目录界面

图A.4　驱动安装成功界面

（3）打开设备管理器，在“端口（COM和LPT）”列表中寻找USB Serial Port（COM*X*），如果该端口出现，即表示驱动安装成功。请记录相应的COM端口号*x*，图A.5中端口号为COM3。

图A.5　查询USB Serial Port端口界面

（4）运行“arduino-1.5.2”目录下的“arduino.exe”，显示图A.6所示界面。

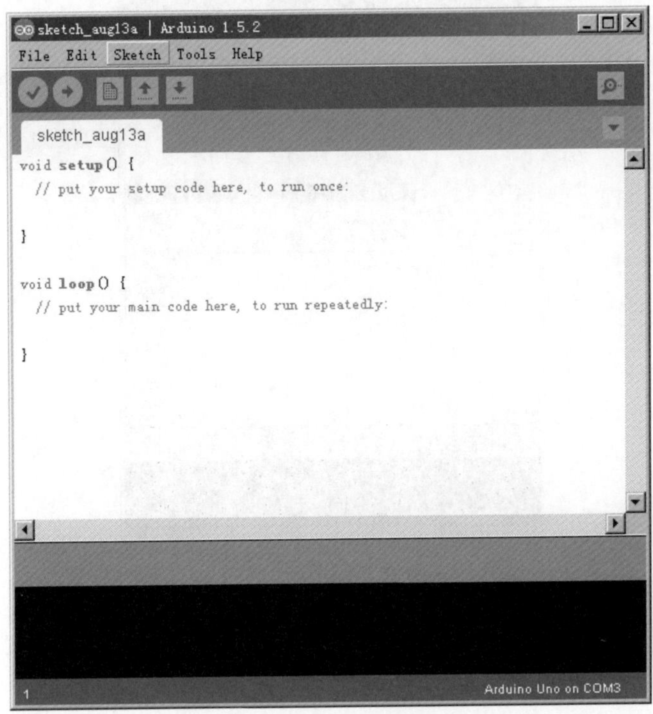


图A.6　Arduino启动界面

（5）在“Tools”菜单下，依次选择“Board”里的“Arduino Uno”项（图A.7），以及“Serial Port”里的“COM3”端口（图A.8），COM3为步骤3里记录下的端口号，此时在界面右下角显示“Arduino Uno on COM3”。

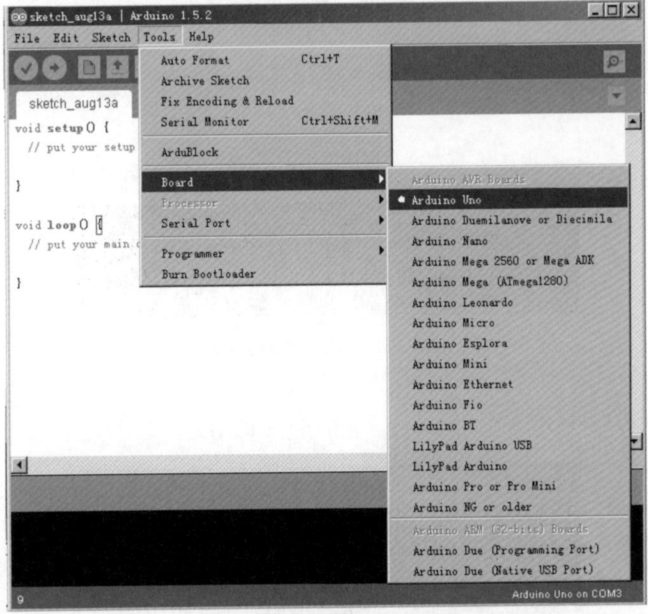


图A.7　设置开发版型号界面

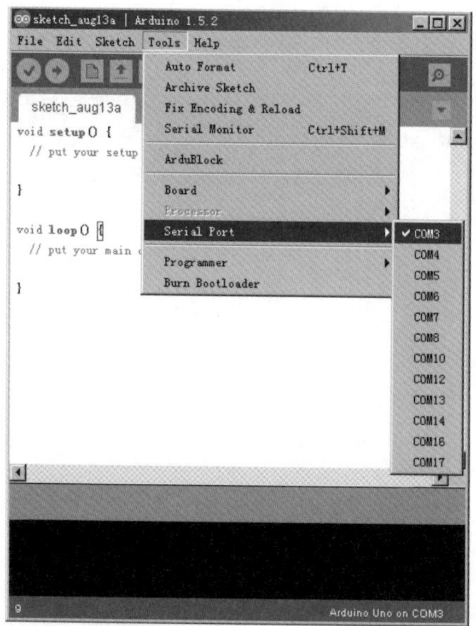


图A.8 选择端口界面

（6）单击“upload”按钮 ，一个空白的程序将自动烧录进Basra控制板。具体过程如下所示：

①开始编译代码，如图A.9所示。

图A.9 编译界面

②开始向Basra控制板烧录程序，烧录过程中控制板上的TX/RX指示灯闪动，如图A.10所示。

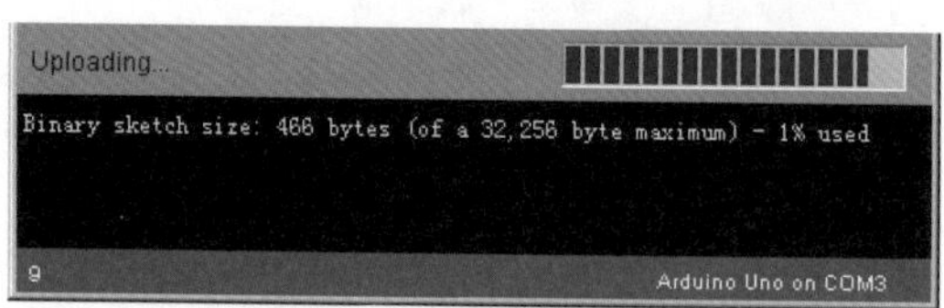


图A.10 烧录过程界面

③烧录成功，如图A.11所示。

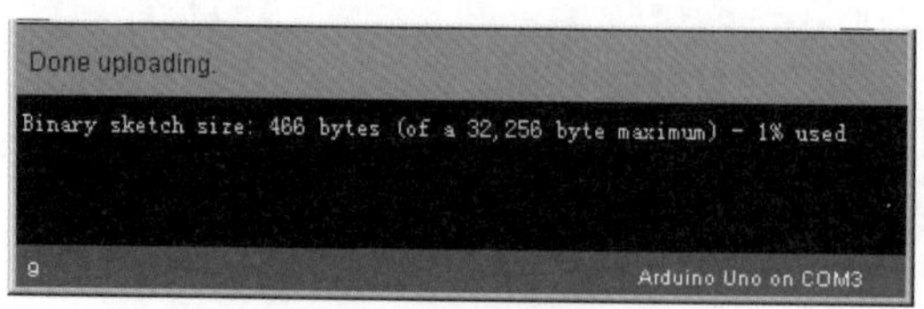


图A.11 烧录完成界面

## A.2.2　图形化编程软件使用手册

（1）打开Arduino软件，在“Tools”菜单下选择“ArduBlock”（图A.12），进入图形化编程界面。

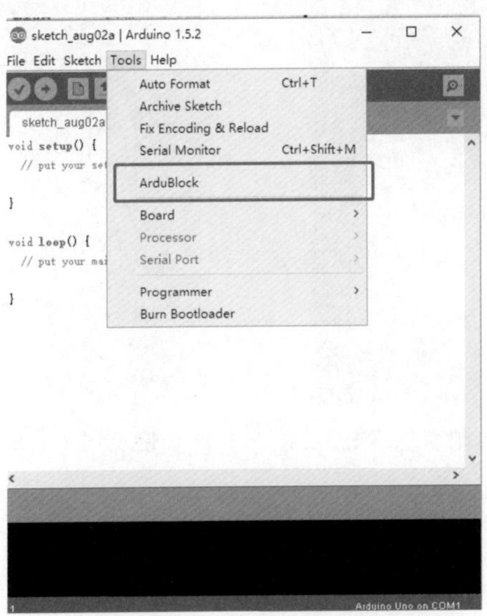


图A.12　Arduino软件界面

（2）从控制模块中选择“主程序”，拖拽进入右侧工作界面，如图A.13所示。

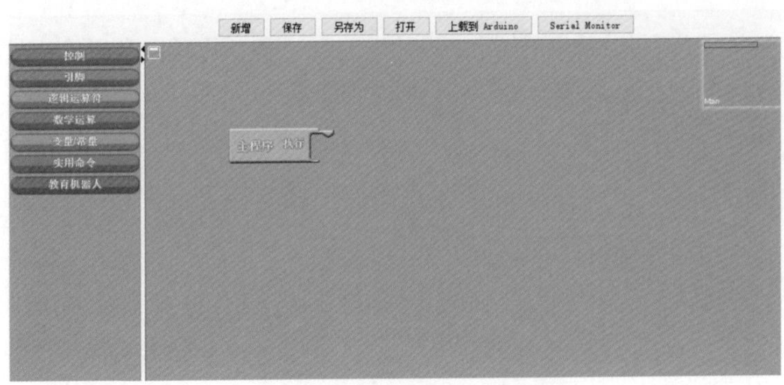


图A.13　图形化编程界面

**注意：在编程时必须有一个主程序，未接入主程序的模块控制板不识别，也无法执行相应的命令。**

（3）在控制模块中，选择顺序语句、条件语句或循环语句（图A.14）等进行编程。

（4）关于程序中的引脚说明如下。

在引脚模块中，可以选择数字引脚、模拟引脚、伺服电机、360° 舵机、直流电机等模块语句，如图A.15所示。引脚号为相应的控制板接口。

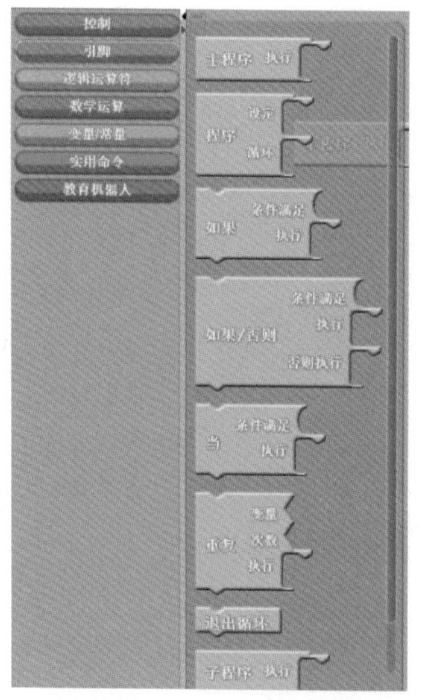

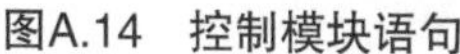

图A.14　控制模块语句

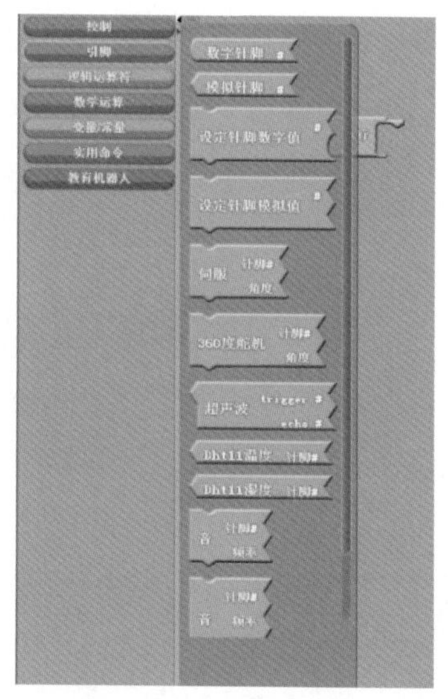

图A.15　引脚模块语句

**注意：在ArduBlock中，引脚编号只能用数字表示。对于数字引脚，直接取“D”后面的数字即可，如D13号引脚，直接取13作为图形化编程的引脚编号即可；对于模拟引脚，则需要取“A”后面数字加上14，如A0引脚，需要取14作为图形化编程的引脚编号。**

## A.2.3　常见问题及解决方法

### 1. 下载程序时提示avrdude: stk500_getsync ( ) : not in sync: resp=Ox00

这是由串口通信失败引起的错误提示。原因可能如下：

（1）选错了串口或者控制板型号。

解决办法：在“Tools”菜单中正确选择对应的控制器型号及串口号。

（2）Arduino在IDE下载过程中没有复位。

在串口芯片DTR的输出脚与单片机的Reset引脚之间有一个100 nF的电容。1DE在向Arduino传输程序之前，会通过DTR引脚发出一个复位信号，使单片机复位，从而使单片机进入Bootloader区运行下载所需的程序。如果这个过程出错，也会出现stk500_getsync（ ）：not in sync：resp=Ox00错误。

解决办法：在程序编译完成后提示进行下载时，手动按一下复位键，使Arduino运行Bootloader程序。

（3）串口脚（0、1）被占用

Arduino下载程序时会使用0、1两个引脚，如果这两个引脚接有外部设备，则可能会导致通信不正常。

解决办法：拔掉0、1引脚上连接的设备，再尝试下载。

（4）USB转串口通信不稳定

该问题主要存在于一些劣质的Arduino兼容板及劣质的Arduino控制器上，通常由转串口芯片的质量问题引起，也可能是USB连接线的问题。

解决办法：更换控制板，或更换USB连接线。

（5）Bootloader损坏或AVR单片机损坏

该问题出现的可能性极小，如果以上几种解决方法均尝试无果，则可能是Bootloader程序损坏，或者AVR单片机损坏。

解决办法：使用烧写器给AVR芯片重新写入Bootloader。如果无法写入，或写入后仍然不正常，则应更换AVR芯片再尝试。

**2. 使用第三方类库时编译出错，提示Wprogram.h：No such file or directory:**

这是因为程序中调用的库与最新版的Arduino IDE不兼容。可以尝试在库中的.h和.cpp文件中，用以下代码替换原来的"# include "Wprogram.h" "，使之能够兼容最新版的Arduino IDE。

```
# if ARDUINO>=100
# include "Arduino.h"
# else
# include "Wprogram.h"
# end if
```

如果仍然无法编译通过，或运行不正常，则下载支持最新版Arduino ID的库版本。

**3. 能否使用AVRGCC的方法在Arduino IDE中开发Arduino**

可以，但是需要注意IDE自带的GCC版本为4.3.2，AVR-Libc的版本为1.6.4，不同版本之间可能有少许差异。

**4. Arduino是否支持其他型号的芯片**

Arduino官方支持的芯片型号有限，大部分均为AVR芯片。对于官方不支持的AVR型号，可以寻找第三方支持库来使用。

对于STM32部分型号，可以使用Maple来开发。

对于MSP430部分型号，可以使用Energia来开发。

对于PIC32部分型号，可以使用chipKIT来开发。

**5. Arduino开源使用的协议是什么**

Arduino硬件使用Creative Commons发布，IDE使用GPL发布，Arduino库文件使用LGPL发布。

**6. 能否使用AVR-Libc和汇编等开发Arduino**

可以，Arduino IDE支持这样的开发，如果使用其他AVR开发工具来开发Arduino也是可以的。

## A.3 教学用3D打印机使用说明

本书中涉及的3D打印件均使用弘瑞E1、UNIZ Slash Plus（SLA）两款打印机制作完成，以下关于两款打印机的使用说明均由作者根据产品使用说明书整理。

### A.3.1 弘瑞 E1（FDM）型 3D 打印机机使用说明

本款打印机型号为弘瑞E1，采用熔融沉积成型（FDM）技术，打印精度可达0.05 mm，打印材料为热塑性线状材料，三个轴采用步进电机驱动。

#### 1. 打印机硬件

打印机主要包含打印平台、平台玻璃板和打印头等部分，如图A.16～图A.18所示。

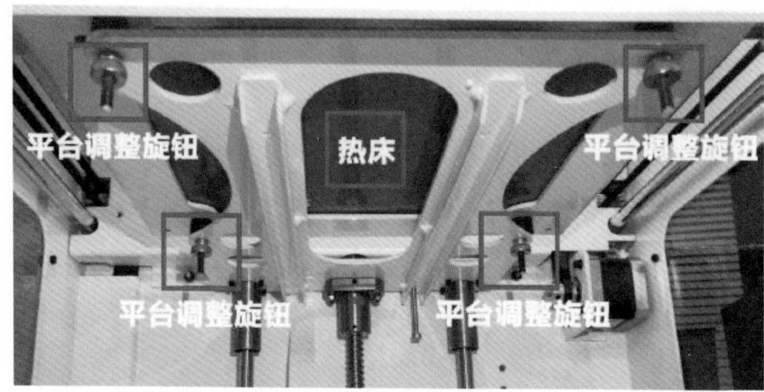


图A.16 打印平台

图A.17 平台玻璃板

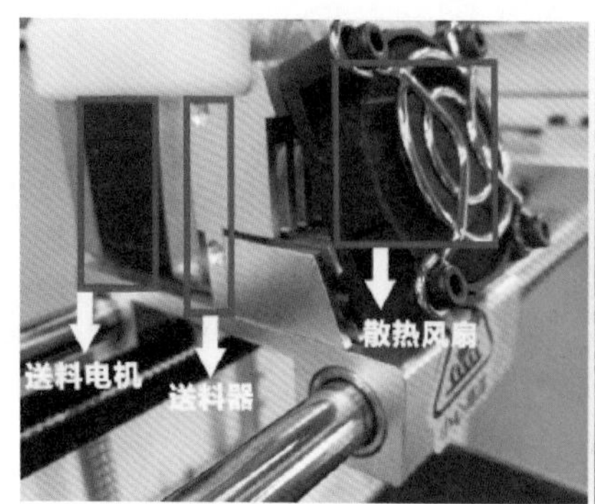

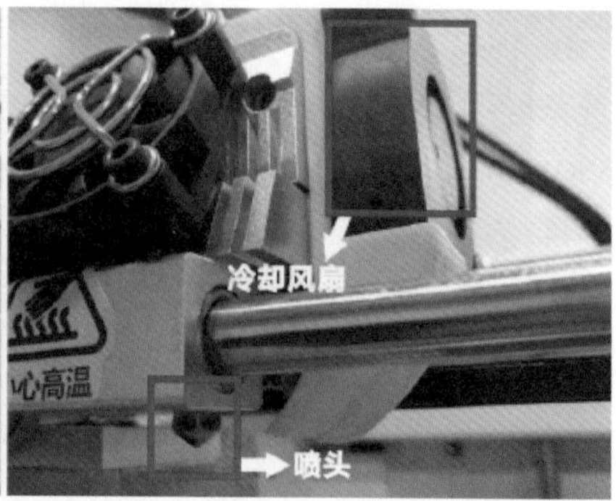


图A.18 打印头

2. 打印机操作平台

1）状态界面

状态界面如图A.19所示。其中：

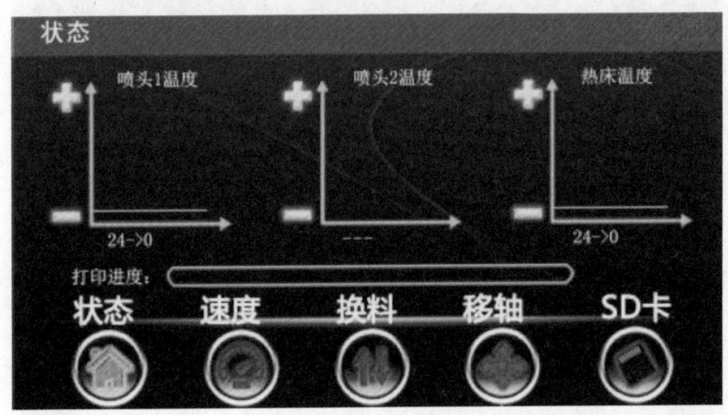


图A.19 状态界面

（1）温度监测曲线图：实时显示打印头和热床温度，加减号可以对温度进行调控。每次单击温度变化为5 ℃，双击“＋”号使目标温度缓慢上升至200 ℃，双击“－” 号使目标温度缓慢下降至0 ℃。

（2）打印进度条：显示SD卡脱机打印进度。

2）速度界面

速度界面如图A.20所示，三个速度分别是“打印速度”“风扇转速”和“材料流量”，该界面的显示和调整都是基于模型切片时设置的参数。

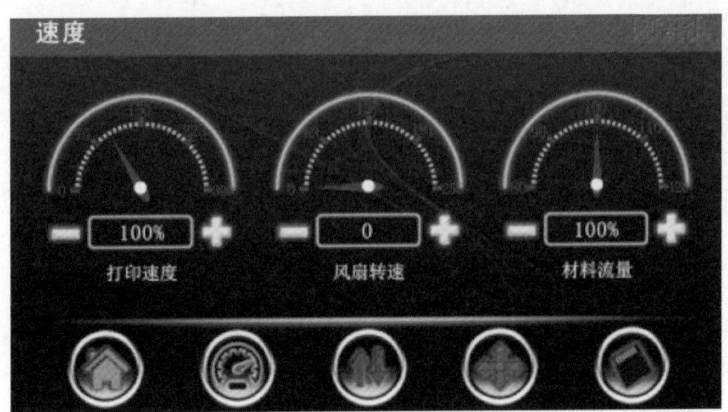


图A.20 速度界面

3）换料界面

换料界面如图A.21所示，包括进退料和调平台两个操作。

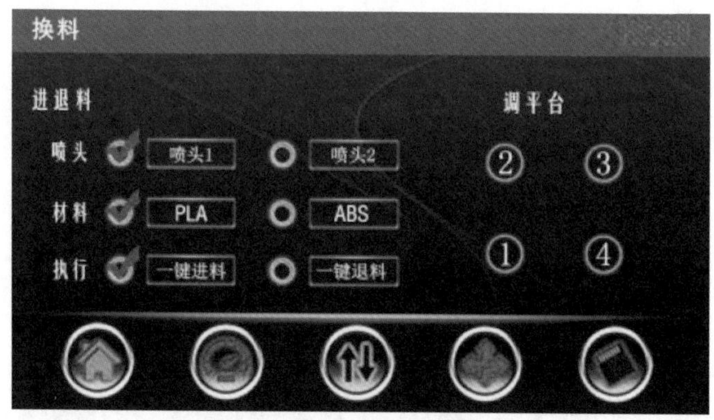

图A.21　换料界面

（1）进退料：分为“喷头选项”和“材料选项”以及“执行选项”。“喷头选项”主要是用于双头的打印机，可以单独选择喷头1 或者喷头2 进行一键进退料。“材料选项”可以选择一键进退料的耗材是PLA 还是ABS。“执行选项”主要用于一键进料和一键退料的操作。

（2）调平台：可以通过选择1、2、3、4 四个按钮来对打印头的位移进行设置。

4）移轴界面

移轴界面如图A.22所示。其中：

（1）解锁：勾选后，可以手动控制打印头在$X$、$Y$ 轴方向上移动。

（2）移动单位：设置在各个方向的移动距离，分别有10.0 mm、1.0 mm 和0.1 mm 三个选项，用于配合位移方向使用。

（3）位移方向：$X$、$Y$ 轴方向位移，是由指向上、下、左、右四个方向的箭头来控制打印头在$X$、$Y$ 轴方向的移动，$X$、$Y$ 轴中的HOME按钮使打印头自动归位到$X$、$Y$ 轴初始位置。$Z$ 轴方向的位移是由两个上下箭头控制打印平台在$Z$轴的上下移动，HOME按钮控制打印头和打印平台归位到轴初始位置。

（4）E1: 控制一号打印头进料和退料。

（5）E2: 控制二号打印头进料和退料（E2 打印头仅适用于双头打印设备）。

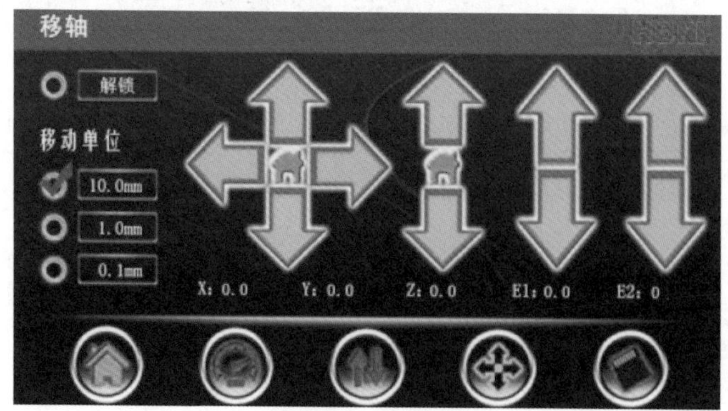

图A.22　移轴界面

5）SD卡界面

SD卡界面如图A.23所示。右侧界面为SD卡内的模型文件，选择需要打印的文件后，界面左侧会显示出选择的文件名称和切片文件的基本信息，下方三个按钮分别为“开始”“暂停”和“停止”。

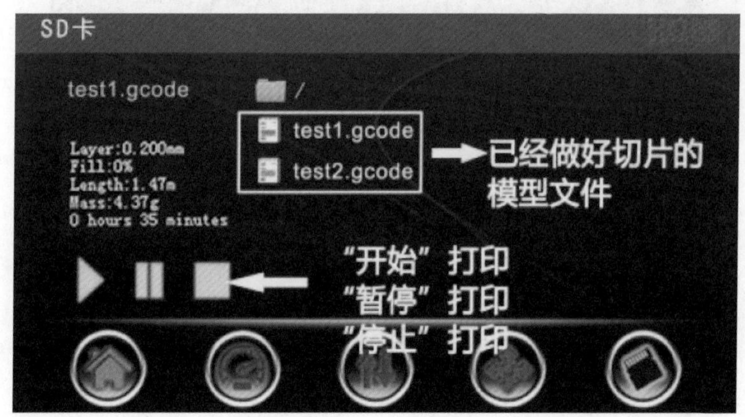


图A.23　SD卡界面

### 3. 打印流程

1）三维建模

利用三维建模软件设计模型，另存为STL格式。

2）生成GCODE文件

利用弘瑞切片软件生成GCODE文件，并保存至打印机的SD卡中。

3）开机/关机

按动红色“电源”按钮。

4）上料

（1）将耗材安装到料轴上,保证料盘在打印时呈逆时针转动。

（2）线状耗材穿过白色导料管到达打印头位置，将耗材送入打印头进料口，感觉到耗材被齿轮咬住即可。

（3）操作面板换料界面，选择喷头和耗材后执行“一键进料”。

（4）执行“一键进料”操作后打印机将弹出提示文字，此时不响应其他操作。

（5）打印机发出蜂鸣后，喷头开始挤料，进料操作完毕，屏幕自动解锁。

5）调平台

（1）平台测试：在平台与喷头之间放一张A4 纸，通过“换料”界面单击调平台对应的四个点位，依次将喷头移至平台四个调节点上方，平行往外拖拽纸张，在有一定阻力的同时喷头又不会划破纸张，则该距离是合适的，如图A.24所示。

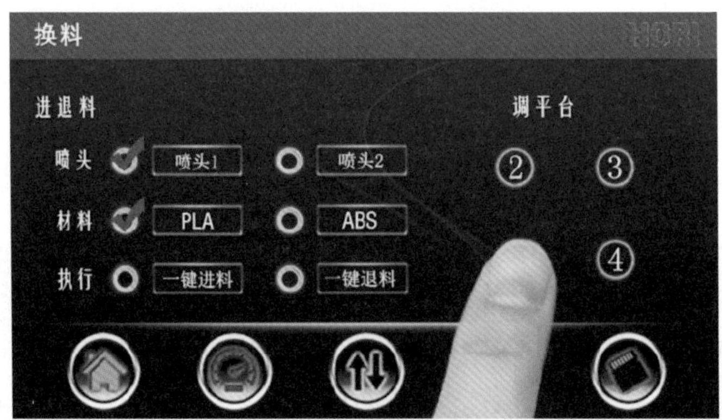


图A.24　平台测试

（2）平台调整：若拉动纸张过程中过松或者过紧，则需要通过旋转调平旋钮来调节平台四角的高低，如图A.25所示。如果距离过大，则逆时针旋转按钮；如果距离过小，则顺时针旋转按钮。

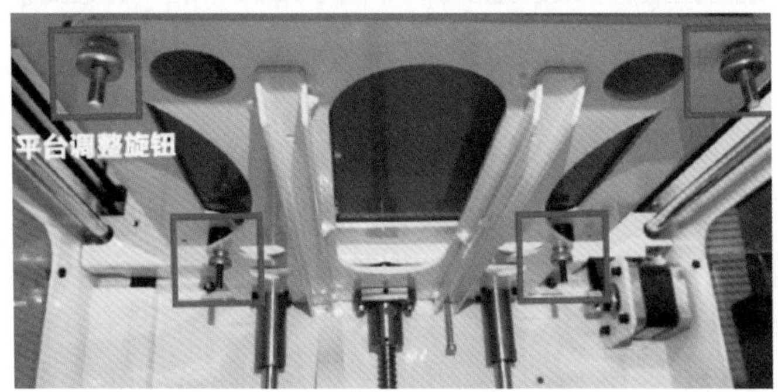


图A.25　平台调整

6）刷胶

（1）将玻璃板从加热平台上取下，清洗干净后放置在平面上。

（2）将防翘边专用胶水滴2～4滴至玻璃板上。

（3）使用滚刷将玻璃板上的防翘边胶水涂抹均匀。

（4）待胶水完全晾干后，将玻璃板放回到加热平台上，方可开始打印，如图A.26所示。

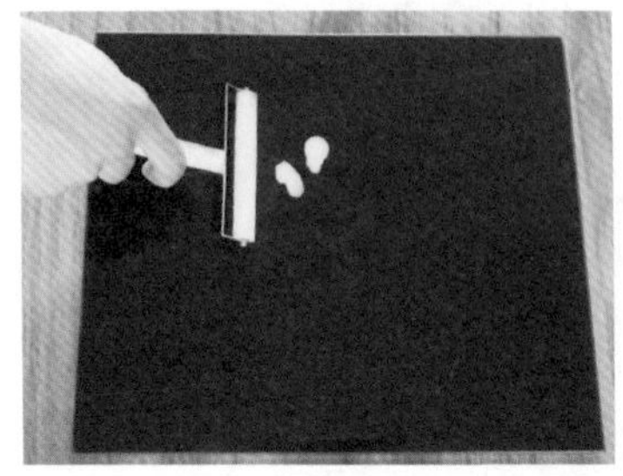

图A.26　刷胶

7）打印

将SD卡插入打印机，在SD卡里选择GCODE文件，单击“开始”按钮开始打印，如图A.27所示。

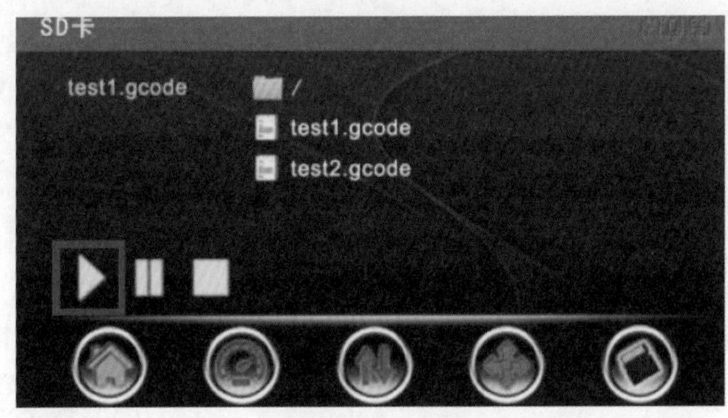


图A.27　开始打印

8）换料

应用于打印中的耗材耗尽或者需要更换其他颜色耗材时（以PLA耗材为例），具体步骤如下：

（1）在“SD卡”界面单击“暂停/继续打印”按钮，暂停打印模型。

（2）在“换料”界面单击PLA材料，单击“一键退料”。

（3）此时屏幕处于锁定状态，不响应任何操作，等设备发出蜂鸣声后解除锁定，将耗材取出。

（4）准备好新耗材后，执行进料操作。

（5）在“SD卡”界面单击“暂停/继续打印”按钮，继续打印模型。

9）取零件

零件打印完成之后需手动拆下玻璃板，借助铲子等工具取下零件。

**4. Modellight切片软件介绍**

1）软件安装

支持的操作系统：Windows全系列。

官网下载地址：http://www.hori3d.com/companyfile/6.html//。

下载完成后按提示安装。

2）软件操作

打印机设置：设置打印机型号（图A.28）。

加载模型：加载STL文件或GCODE文件（图A.29）。

切片设置：主要设置打印质量。打印质量越高，打印时间越长（图A.30）。

分层切片：对已加载的文件进行分层切片（图A.31）。

导出切片数据：生成GCODE文件（图A.32）。

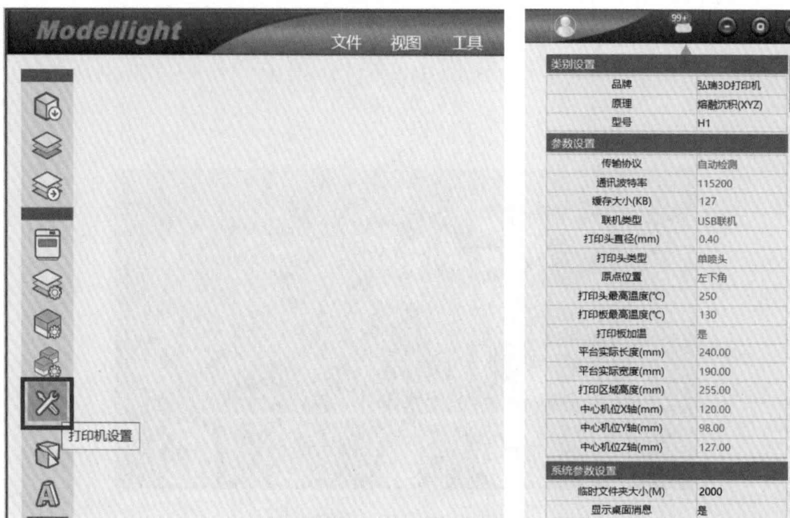


图A.28　打印机设置

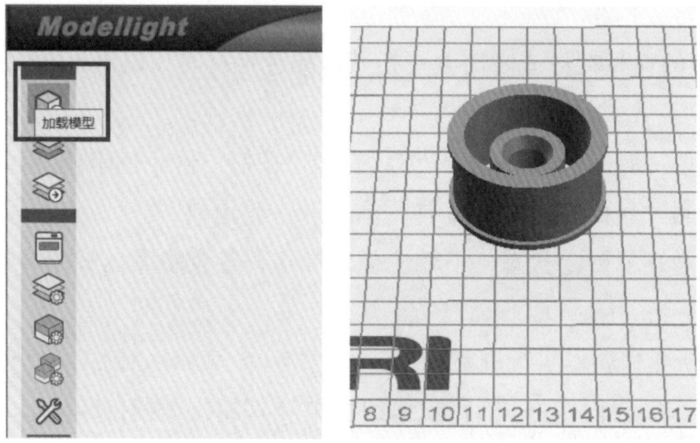


图A.29　加载模型

图A.30　切片设置

图A.31　分层切片

图A.32　导出切片数据

## A.3.2　UNIZ Slash Plus（SLA）型打印机使用说明

本款打印机型号为Slash Plus，采用SLA光固化成型技术，成型精度可达20 μm，打印材料为光敏树脂，采用自动液位控制。

**1. 打印机操作说明**

1）打印机LED灯圈（图A.33）状态说明（按从左至右顺序）：

图A.33　打印机LED灯圈状态图

（1）红色闪烁：打印机忙碌中（开机、暂停、托盘移动）。

（2）蓝色进度条：正在进行数据传输。

（3）绿色常亮：待机——打印机正常连接等待打印指示。

（4）绿色闪烁：数据传输完毕需要确认一键打印。

（5）绿色进度条：打印进行时，亮灯部分代表打印进度。

（6）红灯常亮：打印机报错，需要处理问题。

2）连线说明

开机所需：二合一转接头一根（图A.34中1）、电源线两根（图A.34中2）、电源适配器两个（图A.34中3）。

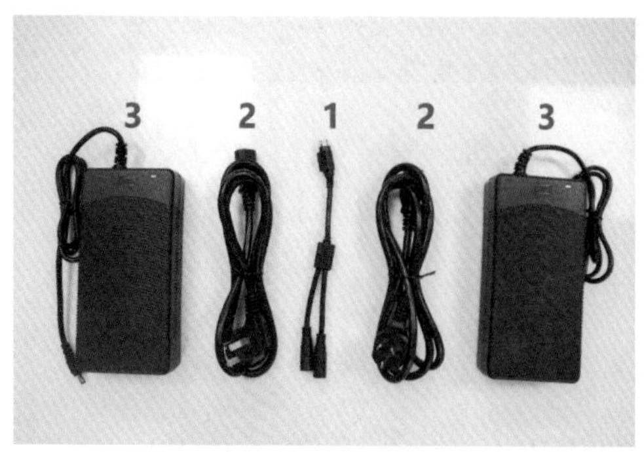

图A.34　连线部件图

首先，组装电源线和电源适配器，然后将两条组装好的电源适配器接头与二合一转接线接好，再将二合一转接线接入打印机电源接口，最后打开电源开关。

若前置button由红色闪烁状态变成绿色常亮状态，则开机完成。

之后，将USB线一端连接到打印机机身背面的USB接口中，将USB线另一端连接到电脑USB接口中，上位机将通过USB线识别到打印机。

至此，打印机开机完成。

**2. Uniz Desktop切片软件介绍**

1）软件的下载与安装。

打开浏览器，登录https://www.uniz.com/cn_zh/software/ ，选择操作系统，下载（支持Windows 7和Mac OS X 10.7及以上操作系统）。

2）软件功能介绍

主页面包括5个功能区，如图A.35所示。

（1）中央三维视窗：人机交互窗口。

（2）左侧工具条：完成加载、编辑、支撑切片等打印预处理工作。

（3）上方工具条：常用工具。

（4）右侧工具条：选择打印机，实现打印控制。

（5）下方状态栏：显示操作当前状态。

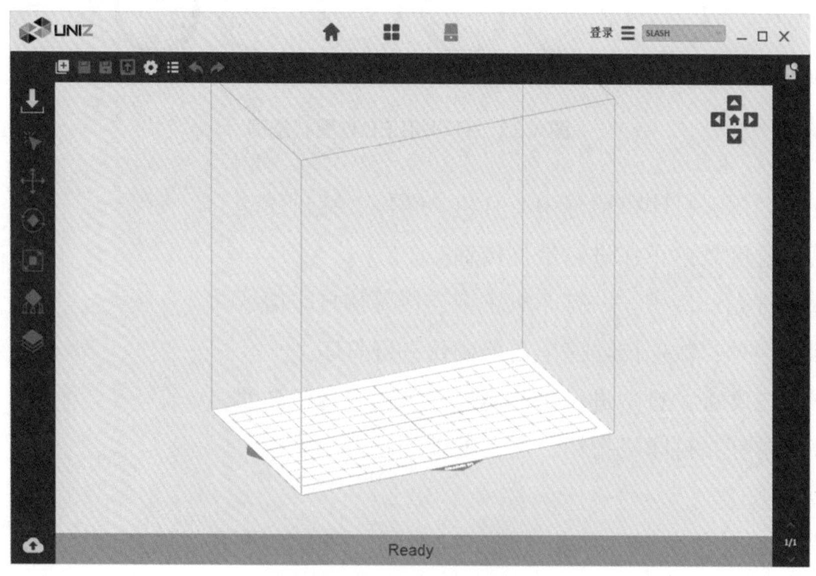

图A.35　软件主页面图

基本操作如下。

（1）切换视角。

在三维视窗中按下鼠标右键并拖动，以选中的模型为中心旋转视场，在无选中模型的情况下以托盘为中心进行旋转。若拖动鼠标的同时按下“Shift”键，视场将会随着鼠标的拖动而平移。滚动鼠标中键，实现视场的缩放。

（2）模型选中与快捷方式。

软件支持鼠标左键单击选中和鼠标左键拉框选择两种方式选中模型，未选中的模型为灰色，选中的模型为蓝色。在平移、旋转、缩放三种编辑状态下，选中模型，快捷控制器将悬浮在模型上。

平移：单击鼠标左键并按下控制器左上方的“平移”按钮，拖动到目标位置释放。

旋转：单击鼠标左键并按下控制器上的圆环拖动后释放，模型将绕对应的轴旋转。

缩放：单击鼠标左键并按下控制器右上方的“缩放”按钮，拖动缩放模型。

在平移、旋转、缩放三种模型编辑状态下，在选中模型上单击鼠标右键，弹出菜单，菜单具体包括贴底、居中、复制、镜像和删除等子项，选择子项，执行相关操作。

工程文件相关操作如下。

主页面功能区中的上方工具条为常用工具，如图A.36所示，可进行工程文件相关操作，具体如下：

：将重新创建新的工程。新创建时程序会提示用户是否保存已有的工程信息。

：将保存当前工程信息至指定的工程文件。

：将当前工程信息另存为指定的工程文件。

：将已加载的模型以及生成的支撑导出成二进制的STL格式，弹出保存对话框，选择存储路径，单击“确认”按钮完成保存工作。

：撤销当前操作。

：将回滚刚撤销的操作。

图A.36　上方工具条

：弹出“高级选项”对话框，如图A.37所示。

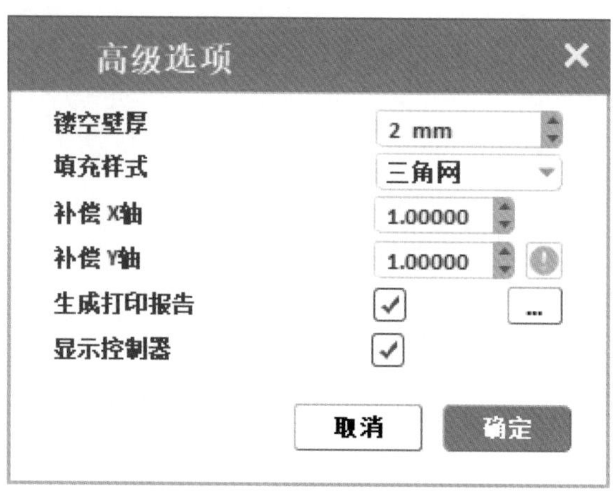


图A.37 “高级选项”对话框

：弹出“模型列表”对话框，如图A.38所示。

模型列表

hand drill shell

ROD2_1

S01

图A.38 “模型列表”对话框

在“模型列表”中单击模型名称前的眼睛按钮来设置该模型在工程中可见/不可见。不可见的模型将不会被打印。

在“模型列表”中选中的模型名字，对应的模型在工程中也将会被选中。此处支持单选和多选。在“模型列表”中右键单击模型名字，可实现在工程中复制模型以及将模型从工程中删除。

打印预处理相关操作如下。

主页面功能区中左侧工具条可进行打印预处理相关操作，首先应将三维建模软件（如SolidWorks等）设计的模型另存为STL格式，之后将STL格式文件加载到软件中，可进行移动、旋转、缩放、添加支撑、设置切片等操作与参数调节，具体操作方式如图A.39所示。

图A.39 左侧工具条

：打开对话框，选择需要加载的模型，支持STL、OBJ、AMF、3MF以及UNIZ格式。

：单击“一键打印”，弹出对话框，该功能集成旋转、摆放、添加支撑、切片和搜索打印机功能于一体，节省了时间，可实现快速打印，如图A.40所示。

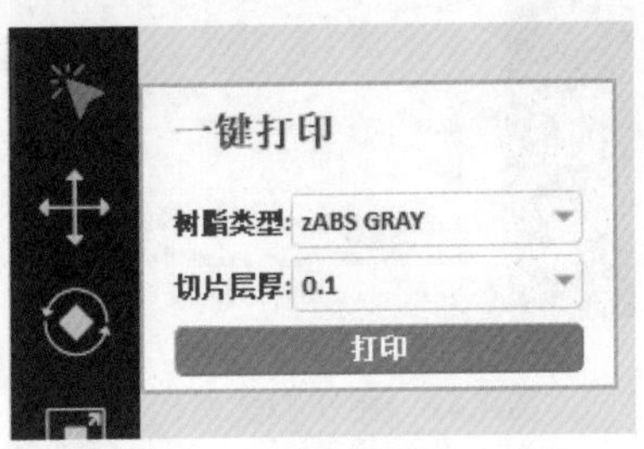


图A.40　“一键打印”对话框

分别选择树脂类型和切片层厚后，单击“一键打印” 按钮，软件将依次执行：旋转模型、摆放模型（多个模型的情况下）、添加支撑、执行切片、搜索打印机、选择打印机执行打印，且多次单击“一键打印”按钮，模型将采用不同的旋转和摆放策略。

：移动模型，进入位置编辑模式，如图A.41所示。（选中模型，快捷控制器将悬浮在模型上, 单击并按下控制器左上方的“平移”按钮，拖到目标位置释放。）

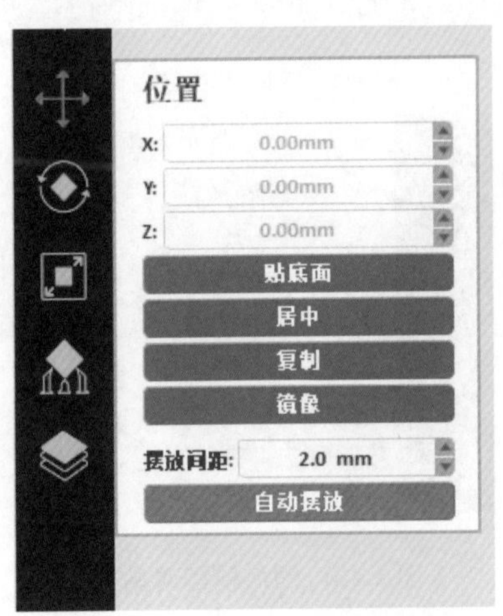


图A.41　移动模型对话框

左键单击选中模型并拖动，模型在$XY$平面内移动。

左键拖动的同时按住“shift”键，模型在$Z$轴方向移动。直接在左侧弹出的对话框中修改$X$、$Y$、$Z$的值并按下回车键可以在对应的坐标轴上精确移动模型。

单击“自动摆放”按钮，将模型按照设置的间距重新排列，并平移至托盘中心。多次单击“自动摆放”按钮，模型将采用不同的摆放策略。（模型若带支撑，修改$Z$值，支撑将被删除。）

：旋转角度，进入旋转模式，如图A.42所示。（选中模型，快捷控制器将悬浮在模型上，单击并按下控制器上的圆环拖动后释放，模型将绕对应的轴旋转。）

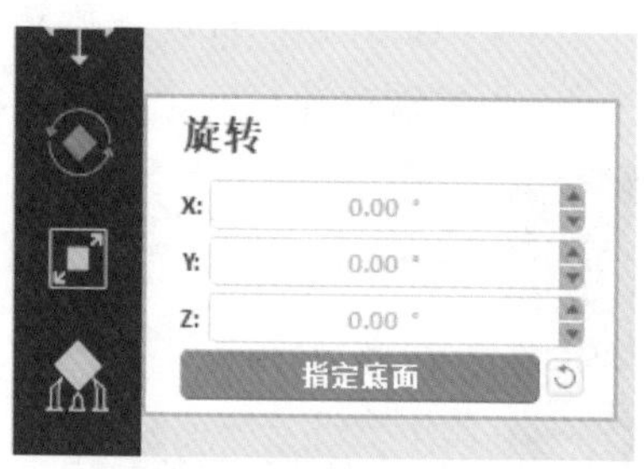


图A.42　旋转模式对话框

在选中模型上按下鼠标左键拖动，模型自由旋转。

直接在左侧弹出的对话框中修改 $X$、$Y$、$Z$ 的值并按下回车键，可以绕对应的坐标轴旋转模型。按下“指定底面”按钮，在模型上选择底面（鼠标变成橙色线），单击鼠标左键即可将所选择的平面旋转朝下，贴在托盘上。（绕 $X$ 或 $Y$ 轴旋转，删除模型的所有支撑；绕 $Z$ 轴旋转，不删除支撑。）

▣：修改大小，进入缩放模式，如图A.43所示。（选中模型，快捷控制器将悬浮在模型上，单击并按下控制器右上方的“缩放”按钮，拖动缩放模型。）

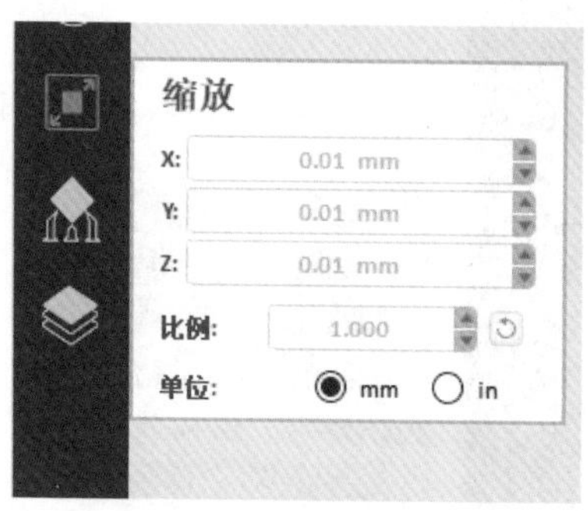


图A.43　缩放模型对话框

在选中的模型上按下鼠标左键并水平拖动然后释放，实现模型的等比缩放。

等比缩放模式，修改对话框中的 $X$、$Y$ 或 $Z$ 值并回车，模型依据修改前后的值进行等比缩放。

修改缩放比例，选中的单个模型将等比缩放。

**注意：不支持同时选中多个模型。（模型若带支撑，则修改大小后丢失所有支撑。）**

◆：生成支撑，进入支撑模式。

给模型加支撑是3D打印预处理必不可少的环节。支撑添加的成功与否直接影响了模型打印的成败。软件提供两种方式生成支撑：自动生成支撑和手动编辑支撑，如图A.44所示。

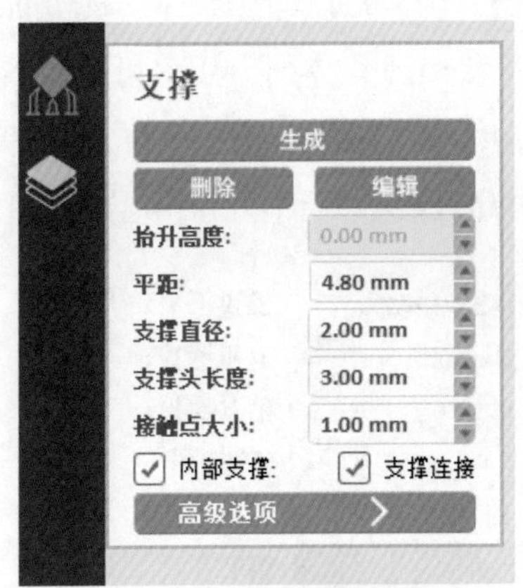


图A.44　支撑模式对话框

关于自动支撑和手动支撑，介绍如下。

①自动支撑。首先需要依据模型的特点设置模型的抬升高度，一般情况设置为5 mm。再根据模型的大小、结构等特点设置支撑间距、支撑直径和其他参数。最后单击“生成”按钮，自动生成支撑。

②手动支撑。手动修改支撑无须选中模型，切换到手动模式即可对所有模型的支撑进行编辑。手动支撑只能调整支撑直径、支撑头长度、接触点大小等四个参数，其他参数使用已设置值。

按下“编辑”按钮，系统将进入手动支撑模式，在该模式下，模型呈灰色，支撑呈绿色。在支撑托盘非点状的情况下，以点的形式显示，方便修改支撑底的位置。通常通过软件支持点选和拉框选择两种方式选择支撑。选中的支撑将高亮显示。平视、俯视支撑时，支撑全显示。但在仰视时，支撑体和支撑脚将透明化。

：切片设置，进入切片模式。在切片中设置用户需设置打印参数，包括层厚、固化时间、冷却时间、电机速度、电机抬升高度等，打印参数会影响打印的成功率，如图A.45和图A.46所示。

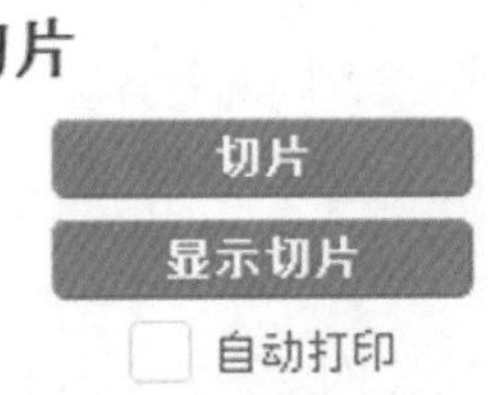


图A.45　切片模式对话框

单击“切片”按钮，托盘内所有模型将使用设置的参数进行切片。

若勾选“自动打印”选项，切片生成后将会被发送到选择的打印机并开始打印。只有在右侧工具条中选择打印机，且该打印机状态是空闲时，该功能才可用。

单击“显示切片”按钮打开切片观察界面，用户可以查看每一层的切片情况。

切片参数：单击左侧工具条中的“切片”按钮，弹出切片对话框以及切片参数对话框。单击参数对话框中的选项将弹出高级参数对话框，各参数说明如下：

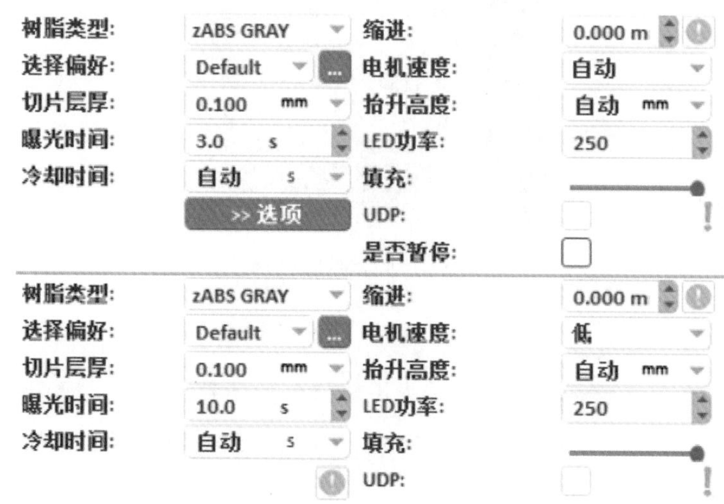


图A.46　切片模式高级参数对话框

①切片层厚。切片的层厚代表了模型打印时Z轴的分辨率。不同树脂特性及应用方向不同，故可支持的层厚不同，最多可支持10 μm、25 μm、37.5 μm、50 μm、75 μm、100 μm、150 μm、200 μm 以及 300 μm 9种层厚。层厚越薄，打印的 $Z$ 轴精度越高，另一方面打印的时间也越长。选择10 μm层厚将获得高精度的模型，而选择300 μm的层厚将收获较快的打印速度。不同的层厚在三维场景中显示不同的颜色。修改层厚，程序会设置推荐的曝光时间。

②曝光时间。打印模型时，需要设置切片的曝光时间。切片面积不同，层厚不同，需要设置不同的曝光时间。在选择不同层厚时软件会自动推荐曝光时间。用户修改曝光时间并执行切片功能后，系统会记住该曝光时间及对应的层厚，修改推荐曝光时间。再次使用时，系统将采用新的推荐曝光时间。若需使用系统预设值，则单击“恢复默认”按钮。

③冷却时间。在打印大的实心模型或者同时打印多个模型时需要较长的冷却时间。软件默认使用系统自动计算出冷却时间，用户也可在下拉列表中选择推荐的冷却时间。

④LED功率。设置LED模块的功率，范围是0～300，通常推荐使用250。

⑤电机速度。默认的电机速度由软件依据实际切片情况自动计算获得，用户可通过手动选择高、中、低三挡中的一挡。当切片面积较大时，需要使用低速以确保模型不变形。

⑥抬升高度。每打印完一层切片后托盘抬升的高度，实心且面积较大的模型要求抬升高一些，以确保胶液的回流补充。

⑦填充。填充比率为0%、10%、20%、…、100%，用户左右拖拽滑动条可以修改该

值。填充比率为0%，执行镂空，且不填充；填充比率在10%～90%时，模型执行镂空，且按照比率进行填充；填充比率在100%时模型不执行镂空。

⑧UDP。使用UDP打印模式需要满足三个条件：打印机类型列表中选择的打印机支撑UDP模式，如SLASH PLUS UDP；切片界面树脂类型选择支撑UDP模式的树脂，如zUDP GRAY；切片层厚支持UDP模式。

只有同时满足上面三个条件，UDP项才可勾选。勾选UDP模式后，冷却时间、电机速度、抬升高度、LED功率将更改成UDP模式，取消勾选将恢复NP模式。

打印控制相关操作如下：

主页面功能区中右侧工具条主要进行打印控制，切片完成后，单击“开始”按钮将当前的切片发送给打印机。软件的进度条以及打印机的LED前灯使用蓝色进度条显示传输的进度。传输完成后，还需在打印机上进行确认。确认前应检查打印机托盘上胶池内是否有异物，按打印机前的按钮打印将正式开始。此外，打印控制的更多操作与功能如下：

Ψ：当一台打印机通过USB线连接上电脑时，在右侧工具条中会增加此按钮，按下该按钮将弹出该打印机的打印控制对话框。若USB线断开，则对应的打印机按钮消失。

：泵胶，SLASH将从胶瓶中抽胶到胶池中，供本次打印使用。弹出该按钮停止泵胶。

：抽胶，SLASH将胶从胶池抽回胶瓶中，以供下次使用。弹出该按钮停止抽胶。

：清洗，SLASH将点亮整个屏幕对胶池进行曝光，并持续一定时间后自动关闭。在曝光完成后，应及时手动清除粘在胶池底部的固化膜。使用曝光清洗可以清除胶池中残留的细小固化块。在曝光过程中不能移走胶池。

：测试，首先卸下胶池，清除托盘上的模型，然后单击此按钮，打印机屏幕上将显示UNIZ的logo，此功能用来测试打印机和上位机的通信是否正常以及屏幕是否可用。

：单击此按钮弹出确认对话框，再单击“Yes”按钮，手动按下托盘至下方的LED屏幕，确保贴合，然后在新弹出对话框上单击“Yes”按钮确认Z轴复位。（该功能只有在打印首层切片Z轴不贴合LED屏幕，导致模型不能粘到托盘上时才使用。）

### 3. 后处理流程

（1）待托盘上树脂滴落彻底，取下托盘。

（2）使用包装配件中的铲刀，将模型从托盘上拆下。

（3）使用剪钳轻轻去除支撑，小心锐利物体。

（4）使用酒精将模型上附着的树脂清洗干净，晾干。

（5）使用波长412 nm的紫外灯进行照射3 min即可。

### 4. 使用注意事项

（1）模型导入切片软件前，需要提前修复完成，要保证模型没有问题。

（2）接触光敏树脂必须佩戴手套。

（3）瓶装树脂使用前需充分摇匀。若使用隔夜树脂池内的树脂，也需用卡片搅拌均匀，目的是让光敏树脂颜色显得统一。树脂池内的树脂控制在6 mm的高度，200 ~ 300 mL。

（4）打印前一定要确认托盘上不能存在固化物，树脂池底部也不能有固化物。原因：托盘下降的过程中固化物会损伤膜和屏幕，影响模型的打印。（如遇到紧急状况应直接使用开关按钮急停。）

（5）光敏树脂要求避强光，打印过程中应关闭前盖。

（6）打印完成后，对黏附在托盘上的模型进行取下时，需注意托盘上的液态树脂，不要滴在身上，小心铲伤手。

（7）对模型进行后处理清洗时，先去除支撑，再使用酒精清洗，待酒精挥发后放进固化箱进行二次固化。

（8）注意打印机的维护，若误操作将树脂滴到机器上，应及时用酒精擦干净。树脂不使用时应及时回收，不要破坏环境。

# 参考文献

[1] 李忠新，冯慧华，曹峰梅. 高校实验教学资源整合与开放共享—以北京理工大学机械与车辆学院为例[J]. 北京教育（高教），2017（01）：42–45.

[2] 王泰鹏，范文辉，李忠新，左建华. “一体化”背景下学生创新基地“纽带式”管理研究[J]. 实验技术与管理，2014，31（10）：43–46.

[3] 朱妍妍，李忠新，吕唯唯. 基于3D打印技术的开放实验教学模式探索与实践[J]. 实验技术与管理，2017，34（07）：192–195.

[4] 何福贵. 创客机器人实战：基于Arduino和树莓派[M]. 北京：机械工业出版社，2018.

[5] 李卫国，张文增，梁建宏，等. 创意之星：模块化机器人设计与竞赛[M]. 北京：北京航空航天大学出版社，2016.

[6] 李永华，王思野，高英. Arduino实战指南：游戏开发、智能硬件、人机交互、智能家居与物联网设计30例[M]. 北京：清华大学出版社，2016.

[7] 李永华，曲明哲. Arduino项目开发：物联网应用[M]. 北京：清华大学出版社，2019.

[8] 陈吕洲. Arduino程序设计基础[M]. 北京：北京航空航天大学出版社，2018.

[9] 黄明吉，陈平. Arduino基础与应用[M]. 北京：北京航空航天大学出版社，2015.

[10] 王进峰. 智能制造系统与智能车间[M]. 北京：化学工业出版社，2020.

[11] 朱铎先，赵敏. 从数字化车间走向智能制造[M]. 北京：机械工业出版社，2018.

[12] 陈明，梁乃明，等. 智能制造之路：数字化工程[M]. 北京：机械工业出版社，2016.